高等职业院校学生专业技能考核标准与题库

应用电子技术

张文初　熊　异　粟慧龙　等编著

湖南大学出版社

内容简介

本书是高等职业院校应用电子技术专业技能考核标准与题库，包含电工电子电路测试、电子产品组装与调试、小型电子产品（电路）维修、PCB版图设计、小型电子产品设计与开发、电气控制系统安装与调试等六个技能模块；以真实的任务（项目）为载体，以行业通用的J—STD—001E、IPC—A—610D、IPC—A—610E、IPC—7711/21标准为依据，明确了各抽测项目的技能要求，以现代企业现场生产管理规范为依据，明确了各抽测项目的素养要求，设计了相应的评价标准。技能抽测结果评判既关注学生操作技能，又关注职业精神与操作规范。以抽查标准为依据，建成了130道题的专业技能抽查题库。

图书在版编目 (CIP) 数据

应用电子技术／张文初等编著.—长沙：湖南大学出版社，2020.1

（高等职业院校学生专业技能考核标准与题库）

ISBN 978-7-5667-1830-3

Ⅰ．①应… Ⅱ．①张… Ⅲ．①电子技术—高等职业教育—习题集 Ⅳ．①TN-44

中国版本图书馆CIP数据核字（2019）第269459号

高等职业院校学生专业技能考核标准与题库

应用电子技术
YINGYONG DIANZI JISHU

编　著：张文初　熊　昇　粟慧龙　等	
责任编辑：黄　旺	责任校对：尚楠欣
印　装：长沙市昱华印务有限公司	
开　本：787mm×1092mm　16开	印张：12.25　字数：330千
版　次：2020年1月第1版	印次：2020年1月第1次印刷
书　号：ISBN 978-7-5667-1830-3	
定　价：36.00元	

出 版 人：雷　鸣

出版发行：湖南大学出版社

社　　址：湖南·长沙·岳麓山　　邮编：410082

电　　话：0731-88822559（发行部），88825193（编辑室），88821006（出版部）

传　　真：0731-88649312（发行部），88822264（总编室）

网　　址：http://www.hnupress.com

电子邮箱：pressluosr@hnu.cn

高等职业院校学生专业技能考核标准与题库

编　委　会

主任委员：应若平

委　　员：马于军　王江清　王运政　方小斌

　　　　　史明清　刘国华　刘彦奇　李　斌

　　　　　余伟良　陈剑旄　姚利群　戚人杰

　　　　　彭　元　彭文科　舒底清

本册主要研究与编著人员

张文初（湖南铁道职业技术学院）　　　　熊　异（湖南铁道职业技术学院）

粟慧龙（湖南铁道职业技术学院）　　　　杨利军（湖南铁道职业技术学院）

唐亚平（湖南铁道职业技术学院）　　　　余　娟（湖南铁道职业技术学院）

李　杨（中国南车电力机车研究所）　　　赵金蕾（中国南车电力机车研究所）

颜小鹏（时代电气股份有限公司）　　　　张　敏（时代电气股份有限公司）

谭立新（湖南信息职业技术学院）　　　　王文海（长沙航空职业技术学院）

孟　洋（长沙民政职业技术学院）　　　　颜学义（岳阳职业技术学院）

总　序

　　当前,我国已进入深化改革开放、转变发展方式、全面建设小康社会的攻坚时期。加快经济结构战略性调整,促进产业优化升级,任务重大而艰巨。要完成好这一重任,不可忽视的一个方面,就是要大力建设与产业发展实际需求及趋势要求相衔接的、高质量有特色的职业教育体系,特别是大力加强职业教育基础能力建设,切实抓好职业教育人才培养质量工作。

　　提升职业教育人才培养质量,建立健全质量保障体系,加强质量监控监管是关键。这就首先要解决"谁来监控"、"监控什么"的问题。传统意义上的人才培养质量监控,一般以学校内部为主,行业、企业以及政府的参与度不够,难以保证评价的真实性、科学性与客观性。而就当前情况而言,只有建立起政府、行业(企业)、职业院校多方参与的职业教育综合评价体系,才能真正发挥人才培养质量评价的杠杆和促进作用。为此,自 2010 年以来,湖南职教界以全省优势产业、支柱产业、基础产业、特色产业,特别是战略性新兴产业人才需求为导向,在省级教育行政部门统筹下,由具备条件的高等职业院校牵头,组织行业内的知名企业参与,每年随机选取抽查专业、随机抽查一定比例的学生。抽查结束后,将结果向全社会公布,并与学校专业建设水平评估结合。对抽查合格率低的专业,实行黄牌警告,直至停止招生。这就使得"南郭先生"难以再在职业院校"吹竽",从而倒逼职业院校调整人、财、物力投向,更多地关注内涵和提升质量。

　　要保证专业技能抽查的客观性与有效性,前提是要制订出一套科学合理的专业技能抽查标准与题库。既为学生专业技能抽查提供依据,同时又可引领相关专业的教学改革,使之成为行业、企业与职业院校开展校企合作、对接融合的重要纽带。因此,我们在设计标准、开发题库时,除要考虑标准的普适性,使之能抽查到本专业完成基本教学任务所应掌握的通用的、基本的核心技能,保证将行业、企业的基本需求融入标准之外,更要使抽查标准较好地反映产业发展的新技术、新工艺、新要求,有效对接区域产业与行业发展。

　　湖南职教界近年探索建立的学生专业技能抽查制度,是加强职业教育质量监管,促进职业院校大面积提升人才培养水平的有益尝试,为湖南实施全面、客观、科学的职业教育综合评价迈出了可喜的一步,必将引导和激励职业院校进一步明确技能性人才培养的专业定位和岗位指向,深化教育教学改革,逐步构建起以职业能力为核心的课程体系,强化专业实践教学,更加注重职业素养与职业技能的培养。我也相信,只要我们坚持把这项工作不断完善和落实,全省职业教育人才培养质量提升可期,湖南产业发展的竞争活力也必将随之更加强劲!

　　是为序。

郭开朗

2011 年 10 月 10 日于长沙

前　言

为完善职业院校人才培养水平和专业建设水平分级评价制度，全面提升湖南省高职院校人才培养水平，根据湖南省教育厅《关于职业院校学生专业技能考核标准开发项目申报工作的通知》（湘教通〔2010〕238号）"科学性、发展性、可操作性、规范性"要求，我们编著了"高等职业院校学生专业技能考核标准与题库"《应用电子技术》一书。

技能考核标准与题库开发前期，参加编著的全体人员深入相关企业、学校调研，详细了解了各学校应用电子技术专业的培养定位、岗位面向、实习实训条件，认真分析了岗位综合职业能力和职业素养要求。历经标准起草、意见征询、修改论证、题库开发、试题测试等过程，将应用电子技术专业技能分为专业基本技能、岗位核心技能和跨岗位综合技能等三大类。确定了本专业基本技能模块：电工电子电路测试、电子产品的组装与调试、小型电子产品（电路）维修等三大模块；岗位核心技能：PCB版图设计、小型电子产品设计与开发两个模块；跨岗位综合技能：电气控制系统安装与调试。每个模块包含若干个项目，所有项目以真实的任务为载体，以行业通用的J-STD-001E、IPC-A-610D、IPC-A-610E、IPC-7711/21标准为依据，明确了各抽测项目的技能要求，以现代企业现场生产管理规范为依据，明确了各抽测项目的素养要求，设计了相应的评价标准。技能抽测结果评判既关注学生操作技能，又关注职业精神与操作规范。以考核标准为依据，编著了130道题的专业技能考核题库。

主要参与考核标准与题库编著的有：湖南铁道职业技术学院张文初、杨利军、唐亚平、熊异、粟慧龙、余娟等，中国南车电力机车研究所李杨、赵金蕾，时代电气股份有限公司颜小鹏、张敏，湖南信息职业技术学院谭立新，长沙航空职业技术学院王文海，长沙民政职业技术学院孟洋，岳阳职业技术学院颜学义。在本书编著过程中，还得到了省教育厅王健副厅长以及教育厅职成处、省教科院职成所领导的精心指导，在此一并表示衷心的感谢！同时还要感谢对本考核标准与题库提出修改意见和提供过帮助的所有同志！

由于时间与精力有限，书中存在的疏漏和不足在所难免，热忱期待专家、读者批评指正。

编著者

2019.5

目　次

第一部分　应用电子技术专业技能考核标准

第二部分　　应用电子技术专业技能考核题库

第一部分　应用电子技术专业技能考核标准

一、专业名称

本标准适用于湖南省高等职业院校开设的应用电子技术（610102）专业。

二、考核目标

本专业技能考核，通过设置电工电子测试、电子产品组装与调试、小型电子产品（电路）维修、PCB版图设计、小型电子产品设计与开发、电气控制系统安装与调试等六个专业技能考核模块，测试学生利用设备和工具按照行业通用的规范和要求组装电子产品的技能，利用常用的仪器仪表按照规范的测试流程和合适的方法测量和调整电子产品的技术参数的技能，利用相应的软硬件开发平台按照行业常用的开发流程进行小型电子产品软硬件设计开发的技能，利用仪表与工具按照正确的维修方法排除小型电子产品故障的技能。引导各学校加强专业教学基本条件建设，深化课程教学改革，强化实践教学环节，增强学生创新创业能力，促进学生个性化发展，提高专业教学质量和专业办学水平，培养适应新时代发展需要的应用电子技术高素质技术技能型人才。

三、考核内容

（一）专业基本技能

模块一　电工电子电路测试

本模块以电子企业产品测试工序为背景，利用常用电子仪器仪表，完成对电子组件（电子半成品）的测试，考核学生的调试电路与测试电路指标参数的能力。

基本要求

（1）根据客户要求，设计测试方案，绘制测试连线图，拟定测试步骤。调试中，能正确选择和使用仪器仪表对电子产品的技术参数进行测量与测试并使之达到客户要求，且能完整翔实地记录试验条件和测试数据。

（2）符合企业基本的6S（整理、整顿、清扫、清洁、素养、安全）管理要求。能按要求进行仪器/工具的定置和归位，工作台面保持清洁，能事前进行接地检查，具有安全用电意识。

（3）符合企业电子产品生产线测试员的基本素养要求，体现良好的工作习惯。如：避免裸手接触可焊表面，不堆叠电子组件，仪表摆放整齐，先无电或弱电检测（电压表/万用表），后上电检测，电源或信号源先检测无误并在断电状态下连接被测产品，仪器的通/断电顺序正确无误，翔实记录试验环境（温湿度）、条件和数据等。

模块二　电子产品的组装与调试

本模块以电子企业产品安装调试工序为背景，包括通孔工艺组装与调试、通孔与贴片混合组装与调试2个考核项目，主要考核学生电子元器件的检验、预处理、组装、手工焊接以及仪器仪表使用、调试方法等基本技能。

基本要求

（1）以IPC-A-610标准为参考，组装调试典型通孔工艺电子产品。能正确识读和选择电子元器件（从120%中正确选取不少于3种类型的元件）；能按成型、插装和电烙铁手工焊接的要求进行元器件的装配，装配后不能出现开路、短路、不良焊点、元件或印制板损坏等现象，基本符合IPC-A-610电子组件1级可接受标准；能正确选择和使用仪器仪表，对电子产品的技术参数进行测量与调试并使之达到要求，并能完整翔实地记录试验条件和测试数据。

（2）符合企业基本的6S（整理、整顿、清扫、清洁、素养、安全）管理要求。能按要求进行仪器/工具的定置和归位，工作台面保持清洁，及时清扫废弃管脚及杂物等；能进行接地检查，具有安全用电意识。

（3）符合企业基本的质量常识和管理要求。能进行通孔安装工艺文件的准备和有效性确认，产品搬运、摆放等符合产品防护要求。

（4）符合企业电子产品生产线员工的基本素养要求，体现良好的工作习惯。如：避免裸手接触可焊表面，不堆叠电子组件，电烙铁设置正确和接地检查操作规范，先无电或弱电检测（电压表/万用表），后上电检测，电源或信号源先检测无误并在断电状态下连接被测产品，仪器的通/断电顺序正确无误，翔实记录试验环境（温湿度）、测试装置和数据等。

模块三　小型电子产品（电路）维修

本模块以电子企业产品返修工序为背景，主要用来检验学生掌握电子部件\器件的检测、识别，小型电子产品整机的故障排查，故障部件的检测及更换，手工焊接以及使用仪器仪表进行调试等基本技能。

基本要求

（1）以IPC-7711/21标准为参考进行小型电子产品维修。能正确识读并选择电子元器件，能正确分析故障现象、判断故障部位，能正确使用电烙铁；能根据手工焊接的工艺要求进行元部件的更换，能正确选择和使用仪器仪表对返修产品的参数指标进行测量与调试，并使之达到产品可接受要求。

（2）符合企业基本的6S（整理、整顿、清扫、清洁、素养、安全）管理要求。能按要求进行仪器/工具的定置和归位，工作台面保持清洁，及时清扫废弃管脚及杂物等，能进行接地检查，具有安全用电意识。

（3）符合企业电子产品维修工的基本素养要求，体现良好的工作习惯，能严格遵循维修流程，故障分析、检测、修复能严格按照规范操作，修复效果符合产品可接受要求。

（二）岗位核心技能

模块一　PCB版图设计

本模块以电子企业电路板设计项目为背景，包括单面PCB版图设计、双面PCB版图设计2个考核项目。要求学生运用电子CAD设计软件（推荐Altium Designer 2013版本及以上）绘制符合国际国内标准GB/T 4728、GB/T 6988的电路原理图，设计按照PCB可制造工艺要求及装配使用需求工艺要求并符合标准GB/T 4588和IPC-2221A的PCB版图，要求学生掌握电子CAD设计软件的操作技能、应用技巧，以及在工程设计中的综合设计与分析能力。

项目1　单面PCB版图设计

基本要求

（1）使用Altium Designer软件，创建设计项目工程文件，加载需要使用的库文件。

（2）能创建原理图库文件和制作新元件，包括创建原理图库文件，创建新元件，设置原理图库编辑环境，使用绘图工具，绘制元件引脚及设置参数。

（3）能创建封装库文件和制作新封装，包括创建封装库文件，创建新封装，设置封装库编辑环境，使用绘图工具，绘制封装焊盘及设置参数。

（4）能参照已知的电路原理图，绘制符合国家标准GB/T 4728和GB/T 6988的电路原理图，创建原理图，设置原理图编辑环境，设置图纸和模板，加载库文件，放置元件，设置元件属性，绘制元件电气连线，放置字符，检查电气规则（ERC校验）等操作。

（5）能按标准GB/T 4588和IPC-2221A，进行PCB设计，包括创建PCB文件，加载PCB封装库，导入元器件到PCB，绘制板框，设置PCB板属性，设置布线规则，手动布局元件，手动布线及自动布线，处理PCB覆铜与补泪滴，检查PCB布线规则（DRC检查）。

（6）能按报表文件形式输出项目设计文件，输出BOM表（Bill of Materials）形式的元件清单报表文件。

（7）在设计中能按标准GB/T 4588和IPC-2221A进行PCB设计，使PCB满足可测试性、可生产性和可维护性要求；器件布局应满足单板安装条件，符合可制造性要求；PCB布线应选择合适的线宽、线距、转折（例如弧形、45度）等，符合电气规则（承载电流能力、电气间隙要求等）和可制造性要求；按照产品安装尺寸大小、位置，能正确设计PCB版图大小及安装孔位置。

（8）操作过程符合企业基本的6S（整理、整顿、清扫、清洁、素养、安全）管理要求，工作台面保持清洁、及时清扫，严格遵循电子工程图的绘制规范，具有良好的质量、成本、安全、环保意识。

项目2　双面PCB版图设计

基本要求同单面PCB版图设计要求，板层要求设计为双面板。

模块二　小型电子产品设计与开发

本模块以电子企业产品开发项目为背景，将软硬件设计结合在一起，主要考核学生电子产品设计方案制定、硬件电路设计、软件设计、元器件选型、电子产品装配、软硬件系统调试等小型电子产品开发能力。

基本要求

（1）以电子产品的软件设计开发通用流程设计该产品的某一功能软件，并与硬件系统联调，实现产品功能，并满足相应的技术指标。

（2）软件的功能分析、流程图的设计、相应程序的设计等满足给定的功能和技术指标，程序代码符合编程规范（函数名称、功能、入口参数、出口参数、注释等），设计方案等相关技术文件符合国家/行业/企业标准。编译与调试时，在Keil C等开发平台上，运行并调试所编制程序代码使之无语法错误。软硬系统联调时，下载程序到MCU硬件中，运行程序，用仪器仪表测试功能指标，修改、优化程序代码，使之达到给定的性能与技术指标要求，测试报告等相关技术文件符合国家/行业/企业标准。

（3）符合企业基本的6S（整理、整顿、清扫、清洁、素养、安全）管理要求。能按要求保持工作台面的整洁，能按照规范要求使用电脑，具有较强的设备安全与人身安全意识。

（4）具有良好的工作习惯。遵循软件开发的基本流程，需求分析、软件设计、编译与调试、软硬系统联调等各个环节规范有序，体现良好的编程风格（程序可读性较好，注释简洁明了，全局/局部变量设置合理，充分考虑出现异常如死循环时的处理机制等），有良好的文档书写习惯。

（三）跨岗位综合技能

模块一 电气控制系统安装与调试

本模块包含继电控制线路安装与调试、PLC控制系统安装与调试两个项目，该模块主要检验学生电气控制系统方案制定、器件选型、电气装配工艺、软硬件系统调试等能力。

项目1 继电控制线路安装与调试

基本要求

（1）按照系统技术参数和GB/T 4728:1996—2000《电气简图用图形符号》、GB/T 6988《电气技术用文件的编制》、GB/T 20939—2007《技术产品及技术产品文件结构原则》等相关标准，合理设计系统电气原理图和电气布置图，正确使用电器元件的图形符号和文字符号。

（2）根据系统技术参数，列出系统所需元件清单（8种类型，15个器件以内的元器件）。

（3）从考场提供的元器件中合理选择系统元器件（从120%中正确选取8种类型，15个器件以内的元件）。

（4）根据原理图完成元器件的安装、系统接线。安装的元器件位置整齐、合理、紧固；布线进线槽美观，接线端加编码套管，接点无毛刺，符合工艺要求。

（5）完成系统器件参数整定，通电后调试流程正确，系统功能正确，无短路等现象。

（6）操作时必须穿戴劳动防护用品。工具仪表摆放规范整齐，仪表完好无损。符合企业基本的6S（整理、整顿、清扫、清洁、素养、安全）管理要求，及时清扫杂物，保持工作台面清洁，能事前进行接地检查，遵守安全用电规范。

（7）符合企业基本的质量常识和管理要求。能进行工具器件的选择准备和有效性确认，器件工具搬运、摆放等符合产品防护要求。

（8）符合企业维修电工的基本素养要求，体现良好的工作习惯。如：安装接线时必须注意断电、试车必须注意电源等级、注意用电安全等。

项目2 PLC控制系统安装与调试

基本要求

（1）按照系统技术参数和GB/T 4728:1996—2000《电气简图用图形符号》、GB/T 6988《电气技术用文件的编制》、GB/T 20939—2007《技术产品及技术产品文件结构原则》等相关标准，合理设计系统电气原理图和电气布置图，正确使用电器元件的图形符号和文字符号。

（2）能正确分析控制要求；能根据控制要求选择合适型号的PLC；能正确进行I/O地址分配；能按设计规范正确绘制出控制系统硬件接线图；能按控制要求设计控制程序；能正确设计梯形图并熟练运行编程软件进行程序输入及修改；能正确使用常用电工仪器仪表和工具；会正确连接PLC外部导线；会调试、修改PLC程序；会对可编程控制电路进行故障分析与诊断，有必要的电气保护和联锁；符合相关技术规范要求。

（3）要求PLC控制系统的I/O总点数在10个以内，以逻辑控制为主。控制系统元器件包括：按钮、开关、发光二极管、接触器、继电器、连接导线等。变频器参数设置10个以内。

（4）符合维修电工操作规范。操作前必须穿戴好绝缘鞋、长袖工作服并扣紧袖口，操作中必须严格执行操作规程。严禁在未关闭电源开关的情况下用手触摸电气线路或带电进行电路连接或改接；线路布置应整齐、合理；能熟练运用编程工具，不得随意拔插通讯电缆。系统调试前检查电源线、接地线、输入/输出线是否正确连接，是否有接触不良等情况；调试运行时，能通过PLC的输入/输出指示灯判定系统工作状态。调试时应遵循先模拟调试再联机调试的步骤。

（5）能按照企业基本的6S（整理、整顿、清扫、清洁、素养、安全）管理要求，进行仪器/工具的定置和归位，工作台面保持清洁，并及时清扫废弃线头及杂物等。遵循安全用电规范。

四、评价标准

各考核项目的评价包括操作规范与职业素养、作品2个方面，总分为100分。其中，操作规范与职业素养约占该项目总分的50%，作品约占该项目总分的50%。操作规范与职业素养、作品两项均需合格，总成绩评定为合格。各项目评价标准分别见表1。

表1　电工电子电路的测试评价标准

序号	类型	模块	评价要点
1	专业基本技能	电工电子电路测试	1. 清点器件、仪表、工具，摆放整齐。穿戴劳动防护用品。 2. 符合企业基本的6S（整理、整顿、清扫、清洁、素养、安全）管理要求。能按要求进行工具的定置和归位，工作台面保持清洁。具有安全用电意识。 3. 测试导线进行识别检查，熟悉不同导线的连接方式，连线合乎规范。 4. 合理选择仪器仪表，测试前检查各仪表状态，正确操作仪器设备对电路进行调试。 5. 按正确流程进行测试，能根据测试框图进行连线测试，能区分不同接线端子的作用。 6. 测试步骤正确，操作规范有条理。 7. 理论分析正确，分析过程详细得当。 8. 测试框图绘制正确，测试点标识清楚，连线无明显错误。 9. 记录装调数据，数据记录合乎规范，读数准确，计量单位正确。 10. 电路通电正常工作，且各项功能完好。功能缺失按比例扣分。 11. 测试参数正确，即各项技术参数指标测量值的上下限不超出要求的10%
		电子产品的组装与调试	1. 清点器件、仪表、工具，摆放整齐。穿戴劳动防护用品。 2. 符合企业基本的6S（整理、整顿、清扫、清洁、素养、安全）管理要求。能按要求进行工具的定置和归位，工作台面保持清洁。具有安全用电意识。 3. 采用正确的方法选择电子元器件。 4. 合理选择设备或工具对元件进行成型、插装、贴装。 5. 正确选择装配工具和材料，装配过程符合手工装配和焊接操作要求。 6. 合理选择仪器仪表，正确操作仪器设备对电路进行调试。 7. 按正确流程进行装调，并及时记录装调数据。 8. 电路板作品要求符合IPC-A-610标准中各项可接受条件的要求（1级），即符合标准中的元件成型、插装、贴装、手工焊接等工艺要求的可接受最低条件。 9. 元器件选择正确，成型和混装符合工艺要求。 10. 元件引脚和焊盘浸润良好，无虚焊、空洞或堆焊现象，无短路现象。 11. 电路通电正常工作，且各项功能完好。功能缺失按比例扣分。 12. 测试参数正确，即各项技术参数指标测量值的上下限不超出要求的10%

续表

序号	类型	模块		评价要点
2	岗位核心技能	小型电子产品（电路）维修		1. 清点器件、仪表、工具，摆放整齐。穿戴劳动防护用品。 2. 符合企业基本的6S（整理、整顿、清扫、清洁、素养、安全）管理要求。能按要求进行工具的定置和归位，工作台面保持清洁。具有安全用电意识。 3. 采用正确的方法检测电路，先不通电检查，再通电观察，能准确描述故障现象。 4. 正确选择各种工具、仪表、设备，测试前检查各仪表状态，正确操作仪器设备对电路进行调试。 5. 连线测试电路符合规范，能正确连接各相关接线端子。 6. 正确选择装配工具和材料更换元器件，装配过程符合手工装配和焊接操作要求。 7. 按正确流程进行装调，并及时记录装调数据。 8. 维修报告需记录故障现象、工具和材料计划、故障分析与判断、故障处理过程、处理结果五部分。 9. 更换元器件时，焊接工艺符合 IPC-A-610 标准中各项可接受条件的要求（1级）。 10. 维修后，产品通电正常工作，且各项功能完好。功能缺失按比例扣分
		PCB 版图设计	项目1：单面 PCB 版图设计 项目2：双面 PCB 版图设计	1. 按要求创建项目工程文件，创建原理图文件，创建 PCB 文件并保存在指定路径。 2. 按要求创建原理图库 ×.schlib，创建新元件，元件引脚序号、命名等正确。 3. 按要求创建 PCB 封装库 ×.pcblib,创建新元件封装,元件封装尺寸、焊盘命名正确。 4. 按要求绘制原理图，放置元件，设置元件属性，电气连线，并完成电气规则检查（ERC 校验）无错误。 5. 按要求设计 PCB，导入元器件到 PCB，定义板框，设置 PCB 板为单面板，设置布线规则，元件布局，线路布线，PCB 布线规则检查无错误（DRC 检查）。 6. 按要求输出 BOM 表（Bill of Materials）形式的元件清单报表文件。 7. 正确使用电脑和设计软件平台，操作步骤都符合规范要求，操作过程符合企业基本的6S（整理、整顿、清扫、清洁、素养、安全）管理要求，具有安全用电意识
		小型电子产品设计与开发		1. 清点器件、仪表、工具，摆放整齐。穿戴劳动防护用品。 2. 操作过程中及作业完成后，工具、仪表、元器件、设备等摆放整齐，遵守安全用电规范，作业完成后及时清理、清扫工作现场。 3. 答题试卷面清晰整洁，无乱涂乱画和标记行为。 4. 分析功能需求，确定软件功能模块图。 5. 元件布局规范、合理，PCB 板完好无损伤，无脱焊、漏焊、裂纹、拉尖、多锡、少锡、针孔、吹孔、空洞、焊盘剥离等现象，无元件损坏、丢失现象。 6. 能利用 Keil 编程环境建立工程和程序文件、设置编程环境，编译调试程序。 7. 绘制程序流程图，在开发平台上按指定路径创建项目，程序语法检测，编译生成 HEX 或 BIN 目标文件，程序编辑格式规范，程序下载并进行软硬件联调，接口电路与单片机系统连接。 8. 电路无短路情况、仪器仪表使用正确，无元件和仪表损坏事故发生。 9. 按照项目给定要求完成相应功能

续表

序号	类型	模块		评价要点
3	跨岗位综合技能	电气控制系统安装与调试	项目1：继电控制线路安装与调试	1. 清点系统文件、器件、仪表、电工工具、电动机等，并测试器件好坏。穿戴好劳动防护用品。 2. 符合企业基本的6S（整理、整顿、清扫、清洁、素养、安全）管理要求。能按要求进行工具的定置和归位，工作台面保持清洁。具有安全用电意识。 3. 原理图绘制正确；元器件选择合理；电气接线图绘制正确、合理；调试步骤阐述正确。 4. 布线要求横平竖直，接线紧固美观，导线必须沿线槽内走线，接触器外部不允许有直接连接的导线，线槽出线应整齐美观。 5. 线路连接、套管、标号符合工艺要求。 6. 按图纸的要求，正确使用工具和仪表，熟练安装电气元器件。 7. 元件在配电板上布置要合理，安装要准确、紧固。 8. 按正确的流程完成系统调试，功能演示线路的通电工作正常，各项功能完好
			项目2：PLC控制系统安装与调试	1. 清点器件、仪表、工具，摆放整齐。穿戴劳动防护用品。 2. 操作过程中及作业完成后，保持工具、仪表、元器件、设备等摆放整齐。 3. 按图纸的要求，正确使用工具和仪表，熟练安装电气元器件。 4. 元件在配电板上布置要合理，安装要准确、紧固。 5. 布线要求横平竖直，接线紧固美观，导线必须沿线槽内走线，接触器外部不允许有直接连接的导线，线槽出线应整齐美观。 6. 线路连接、套管、标号符合工艺要求。 7. 熟练操作软件输入程序，正确进行程序删除、插入、修改等操作，会联机下载调试程序。 8. 原理图绘制正确；元器件选择合理；电气接线图绘制正确、合理；调试步骤阐述正确。 9. 按照被控设备的动作要求进行模拟调试，达到控制要求

五、考核方式

所有模块全部为现场操作考核，以过程考核与考核结果相结合，按照一定的比例评分，具体考核方式如下：

（1）学校参考模块选取：采用"3+2"选考方式，"3"即是专业基本技能的三个模块为必考模块，"2"则是各学校根据专业特色在岗位核心技能与跨岗位综合技能三个模块中选取两个模块进行考核。

（2）学生参考模块确定：参考学生按规定比例随机抽取考试模块，其中，60%考生参考专业基本技能，40%考生参考岗位核心技能和跨岗位综合技能。各模块考生人数按四舍五入计算，剩余的考生尾数随机在参考模块中抽取应试模块。

（3）试题抽取方式：学生在相应模块题库中随机抽取一道试题参加考核。

六、附录

1. 相关法律法规（摘录）

《中华人民共和国安全生产法》

第一章第六条 生产经营单位的从业人员有依法获得安全生产保障的权利，并应当依法履行安全生产方面的义务。

第二章第二十五条 生产经营单位应当对从业人员进行安全生产教育和培训，保证从业人员具备必要的安全生产知识，熟悉有关的安全生产规章制度和安全操作规程，掌握本岗位的安全操作技能，了解事故应急处理措施，知悉自身在安全生产方面的权利和义务。未经安全生产教育和培训合格的从业人员，不得上岗作业。

第三章第五十四条 从业人员在作业过程中，应当严格遵守本单位的安全生产规章制度和操作规程，服从管理，正确佩戴和使用劳动防护用品。

第三章第五十五条 从业人员应当接受安全生产教育和培训，掌握本职工作所需的安全生产知识，提高安全生产技能，增强事故预防和应急处理能力。

2. 相关规范与标准（摘录）

（1）J-STD-001E《电气与电子组件的焊接要求》。

（2）IPC-A-610D（中文版），IPC-A-610E《电子组件的可接受性》。

（3）IPC-7711/21《电子组件和电路板的返工和返修》。

（4）电气控制柜元件安装接线配线的规范：GB 50054—95《低压配电设计规范》、GB 50034—2004《建筑照明设计规范》。

（5）IPC-STD-275《布线线宽规则》。

（6）GB/T 4728：1996—2000《电气简图用图形符号》。

（7）GB/T 6988《电气技术用文件的编制》。

（8）GBT 20939—2007《技术产品及技术产品文件结构原则》。

第二部分 应用电子技术专业技能考核题库

本题库依据2014年湖南省教育厅颁布的《关于推进高职院校学生专业技能抽查标准开发与完善工作的通知》（湘教通〔2014〕55号）的要求命制，分为专业基本技能、岗位核心技能、跨岗位综合技能三部分，每一部分又分为若干模块。其中专业基本技能包含三个模块，分别为模块一电工电子电路测试（10套试题），模块二电子产品的组装与调试（包含两个项目共20套试题），模块三小型电子产品（电路）维修（20套试题）；岗位核心技能包含两个模块，分别为模块一PCB版图设计（包含两个项目共40套试题），模块二小型电子产品设计与开发（共20套试题）；跨岗位综合技能包含一个模块，即模块一电气控制系统安装与调试（包含两个项目共20套试题）。全套题库共130套试题。

一、专业基本技能

模块一　电工电子电路测试

1. 试题编号：J1-1　晶体三极管放大电路测试

（1）任务描述

根据提供的三极管放大电路板，调试电路静态工作点，测试电路放大倍数，测试电路输出失真状态下的静态工作点，并记录测试数据。

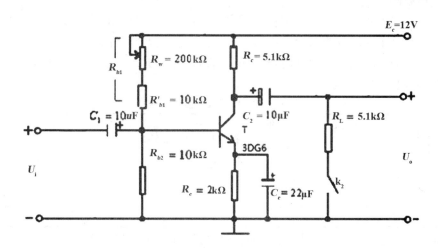

图1-1-1　三极管放大电路原理图

元件参考参数：

R'_{b1}=10 kΩ；R_{b2}=10 kΩ；R_c=5.1 kΩ；R_e=2 kΩ；R_L=5.1 kΩ；C_1=10 μF；C_2=10 μF；C_e=22 μF；R_w=200 kΩ；E_c=12 V。

①调试静态工作点

将输入端短接，即$U_i=0$，不接入交流输入信号，测量电路静态工作点。本电路要求按指定工作点$U_e=2.1$ V调试工作点。

若$U_e=2.1$ V，且三极管工作于放大状态，写出静态工作点U_b、U_c、I_c、U_{ce}的理论计算步骤并将理论计算值填入表1–1–1中。

按$U_e=2.1$ V调整，调节R_w，用万用表测U_e电位，使U_e等于或接近2.1 V。

绘出电路测试方框图：

在以上调整的基础上，测试三极管各极电位U_b、U_c、I_c、U_{ce}并记于表1–1–1。

表 1–1–1　静态工作点测试值

测试条件	V_{CC}=12 V　　　　U_e=2.1 V				
测试项目	U_b / V	U_c / V	I_c / mA	U_e / V	U_{ce} / V
理论计算值					
实际测试值					
三极管工作状态					

②放大倍数测量

保持表1–1–1中的静态工作点不变，低频信号发生器输出1 kHz正弦波信号，并接入电路输入端U_i'处，调节输入信号的大小，用数字示波器监测放大电路输出U_o波形，使U_o波形无失真。用毫伏表或数字示波器测量此时输入和输出信号的大小（有效值），将测量数值填入表1–1–2，并计算电路放大倍数。

表 1–1–2　电路放大倍数测量

测试条件 项目	保持表 1–1–1 中的静态工作点不变，电路输入端输入 1 kHz 正弦波信号，用示波器监测放大电路输出 U_o 无失真。		
	测　量		计算
名称	U_I / mV	U_o / V	$A_U=U_o / U_I$
空载		U_o（空载）=	
接入负载 R_L		U_o（负载）=	

注：当k_2断开时，电路处于空载状态；k_2闭合电路接入负载R_L=5.1 kΩ。

绘出电路测试方框图：

③研究静态工作点与输出波形失真关系

分别逆时针和顺时针调节R_w，使输出波形出现明显失真，用万用表测试三极管三个电极直流电位，并填写到表1-1-3中。

表1-1-3 波形失真时的工作点

测试条件	波形	U_b / V	U_c / V	U_e / V	U_{ce} / V	失真类型
上半周失真						
下半周失真						

以上测试项目，测试条件在实际考核中会有些许调整。

（2）实施条件

三极管放大电路测试板：一块；毫伏表：一台；数字示波器：一台；稳压电源：一台；数字万用表：一块；低频信号发生器：一台；测试导线：若干。

（3）考核时间

120分钟。

（4）评分标准

表1-1-4 电工电子电路测试评分细则

考核内容		分值	评分细则	备注
职业素养20分	工作前准备	10	做好测试前准备。不进行清点电路图、仪表、工具等操作扣5分，摆放不整齐扣2分	出现明显失误造成元件或仪表、设备损坏等安全事故或严重违反考场纪律，造成恶劣影响的本次考核记0分
	职业行为习惯	10	测试过程仪表、导线摆放凌乱，测试结束后工位清理不整齐、不整洁扣5分/次；未遵守安全规则，扣5分	
操作规范30分	操作过程规范	5	测试前未检查导线通断扣1分，连接测试仪表未区分导线颜色每处扣1分	
		5	测试前未检查仪表状态扣1分；测试中带电操作每次扣1分；通电压超过规定电压50%扣1分。不能识别输入输出及电源端子，接错1次扣1分	
		10	正确选择和操作仪器设备对电路进行调试。仪器选择不当扣5分，仪器仪表使用不规范1次扣5分，累计3次及以上扣10分	
		5	测试步骤错误1次扣1分，大于等于5次扣5分	
		5	不爱惜工具，扣3分；损坏工具、仪表扣本大项的30分；测试延时每1分钟扣1分，本项累计扣分不超过5分；考生发生严重违规操作，取消考试成绩	

续表

考核内容		分值	评分细则	备注
测试结果 50分	测试文件	20	理论计算错误1处扣2分，无分析计算过程扣5分； 测试方框图错画、漏画1处扣2分； 测试值无单位或单位标注错误，1处扣1分	
	功能	20	电路通电正常工作，且各项功能完好。功能缺失按比例扣分	
	指标	10	测试参数正确，即各项技术参数指标测量值的上下限不超出要求的±10%。1项不符合要求扣2分	
时间要求			时间120分钟，每延时1分钟扣5分	
总分			100分	

2. 试题编号：J1-2　三端集成稳压电源电路测试

（1）任务描述

根据提供的集成稳压电源电路板，调试直流稳压电源整流、滤波、稳压过程，测试稳压系数，并完成相应数据的测试。

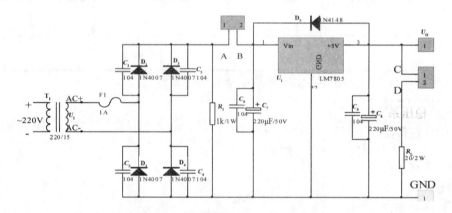

图1-1-2　三端集成稳压电源电路原理图

元件参考参数：

$R_1=1$ kΩ；$C_7=C_8=220$ μF；$C_1=C_2=C_3=C_4=C_5=C_6=0.01$ μF；$D_1{\sim}D_4$=1N4007；
D_5=1N4148；$R_L=20$ Ω。

①整流调试

若全波整流电路输入交流电压为10 V，试计算整流后的平均电压值。

将电路板（断开A、B两点）接入交流电压使$U_2=10$ V（有效值），用示波器分别观察U_2、A点波形，画出波形并记录幅值，填于表1-1-5中（有效值和平均值可用万用表测量）；用毫伏表或示波器测量A点的纹波电压（有效值），并将结果记于表1-1-5中。

表1-1-5　整流测试记录表

测试项目 (测试条件 U_2=10 V)	U_2		U_A		
	波形	幅值	波形	平均值	纹波
理论值		10 V			×
实测值					

绘出电路测试方框图：

②滤波调试

连接A、B两点，引入电容的滤波作用，接入交流电压使U_2=10 V（有效值），示波器观察U_2、U_A的滤波波形，画出波形并记录幅值，填于表1-1-6中（幅值和平均值可用万用表测量）；用示波器或毫伏表测量U_A的纹波电压，并将结果记于表1-1-6中。

表1-1-6　滤波测试记录表

测试项目 （测试条件 U_2=10 V)	U_2		U_A		
	波　形	幅值	波　形	平均值	纹波（有效值）
理论值		10 V			×
实测值					

③测算稳压系数S_r

接入10 Ω负载，改变输入交流电压U_2（分别为9 V、10 V和11 V），分别测量对应的输出电压U_o的大小，填写到表1-1-7中。

表1-1-7　稳压系数测试表

测试 条件	U_2额定值	U_2=10 V	U_2=9 V	U_2=11 V	$S_r = \dfrac{\triangle U_o/U_o}{\triangle U_2/U_2}$
	U_2实测值				
U_o					

以上测试项目，测试条件在实际考核中会有些许调整。

（2）实施条件

集成稳压电源电路测试板：一块；毫伏表：一台；数字示波器：一台；0～15 V多抽头变压器：一台；数字万用表：一块；测试导线：若干。

（3）考核时间

120分钟。

（4）评分标准

见本模块表1-1-4。

3. 试题编号：J1-3　集成运算放大电路的测试

（1）任务描述

集成运算放大器LM358，与其他元件连成反相放大电路，如图1-1-3所示。

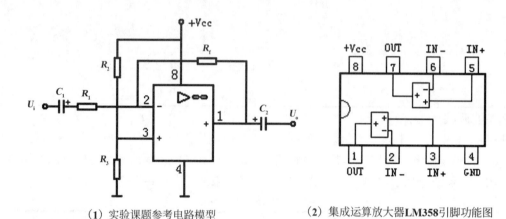

（1）实验课题参考电路模型　　　　（2）集成运算放大器LM358引脚功能图

图1-1-3　集成运算放大器电路原理图

元件参考参数：

R_f=51 kΩ；R_1=5.1 kΩ；R_2=10 kΩ；R_3=10 kΩ；C_1=C_2=10 μF。

①静态测试

电路接入直流电源V_{CC}=15 V，输入端接地U_i=0，用万用表测量运放各引脚的电位，填写到表1-1-8中，并与理论值进行比较分析。写出各引脚静态电压理论值推导过程。

表1-1-8　各引脚的电位(测试条件V_{CC}=15 V)

引脚编号	U_1	U_2	U_3	U_4	U_8
理论值（V）					
测量值（V）					

②小信号交流放大倍数测量

输入频率为1 kHz的正弦信号，用示波器观测输入、输出波形与相位，改变输入信号大小，使输出波形不失真。用毫伏表或示波器测量此时输入、输出电压的大小，将测量数据记入表1-1-9内。

表1-1-9　电压放大倍数测试

测 试 条 件	测量数据		由 测 试 值 计 算	
	U_i（V）	$\dot{U}_o$（V）	$\dot{A}_u=\dfrac{\dot{U}_o}{\dot{U}_1}$	理论计算值
V_{CC}=15 V，输入信号为1 kHz 正弦信号				

绘出电路测试方框图：

③最大不失真输出电压 U_{om} 的测量

输入1 kHz正弦波信号，逐渐增大幅度，用示波器观察波形，可获得最大不失真输出电压 U_{om}，并用毫伏表或数字示波器测量最大不失真输出电压 U_{om}。

表1-1-10　最大不失真输出电压记录表

测 试 条 件	测量数据		
V_{CC}=15 V，输入信号为 1 kHz 正弦信号	U_i（V）	$\dot{U}_{om}$（V）	U_{o-PP}（峰峰值）

④放大器的频率特性测量

电路接法同上，从运算放大器输入端输入幅度0.3 V正弦波信号保持不变，改变频率（从10 Hz增大），用示波器同时观察输入、输出波形的形状与幅度，观察随着频率的变化，输出波形的变化。用毫伏表或数字示波器测量输出电压的大小，记入表1-1-11内。测量上限截止频率 f_H 和下限截止频率 f_L。

表1-1-11　放大器频率特性测试

测试频率	10 Hz	f_L=	100 Hz	1 kHz	10 kHz	100 kHz	f_H=
U_o		$0.7U_{om}$					$0.7U_{om}$

以上测试项目，测试条件在实际考核中会有些许调整。

（2）实施条件

运放测试电路板：一块；双路直流稳压电源：一台；数字示波器：一台；万用表：一只；音频信号发生器：一台；毫伏表一台；测试导线：若干。

（3）考核时间

120分钟。

（4）评分标准

见本模块表1-1-4。

4. 试题编号：J1-4　集成功率放大电路的测试

（1）任务描述

TDA2030是最常用到的音频功率放大电路，该集成电路广泛应用于汽车立体声收录音机、中功率音响设备，具有体积小、输出功率大、谐波失真和交越失真小等特点，并设有短路和过热保护电路等。图1-1-4为TDA2030构成的单电源功放电路。

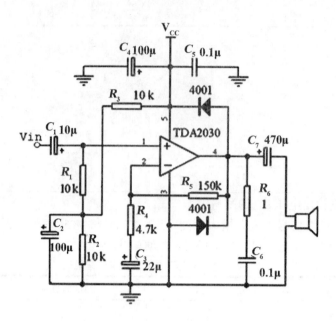

图1-1-4 三极管放大电路原理图

元件参考参数：

$R_1=R_2=R_3=10$ kΩ；$R_4=4.7$ kΩ；$R_5=150$ kΩ；$R_6=1$ Ω；$C_1=10$ μF；$C_3=22$ μF；$C_2=C_4=100$ μF；$C_7=470$ μF；$C_5=C_6=0.1$ μF。

①静态调试

电路接入电源V_{CC}=9 V，用万用表测量功放各引脚的电位，并与理论值进行比较分析，填入表1-1-12。写出理论推导过程。

表1-1-12 各引脚的电位（测试条件为V_{CC}=15 V）

引脚编号	1	2	3	4	5
理论电位值 /V					
测量值电位 /V					

绘出电路测试方框图：

②最大输出功率P_{om}的测量

输出端接入10 Ω负载，输入端U_i加入1 kHz的正弦波信号，逐渐增加U_i的幅度，示波器测量最大不失真输出电压。计算最大输出功率（R_L=10 Ω）。

表1-1-13 电压放大倍数测试

测 试 条 件	测 量 数 据		由 测 试 值 计 算	
V_{CC}=15 V，输入信号为 1 kHz 正弦信号	$\dot{U}_i$（V）	$\dot{U}_o$（V）	$\dot{A}_u=\dfrac{\dot{U}_o}{\dot{U}_i}$	理论计算值

③音响调试

将手机的音乐信号接入功放板输入端，输出端接音箱，电源端接9 V电源，观察音箱是否有声音，音量、音质如何，并绘出电路测试方框图。

以上测试项目，测试条件在实际考核中会有些许调整。

（2）实施条件

功放电路板：一块；双路直流稳压电源：一台；示波器：一台；万用表：一只；音频信号发生器：一台；毫伏表一台；负载：10 Ω功率电阻；手机：一台；测试导线：若干。

（3）考核时间

120分钟。

（4）评分标准

见本模块表1-1-4。

5. 试题编号：J1-5 正弦波振荡器的测试

（1）任务描述

集成运算放大器LM358，与其他元件构成正弦波振荡器电路，如图1-1-5所示。

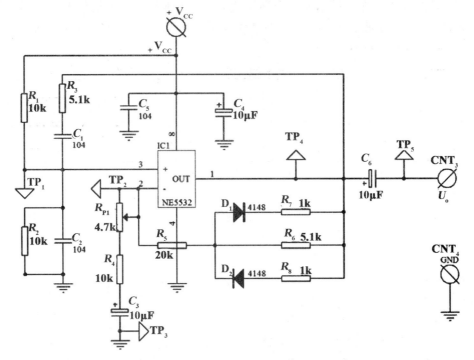

图1-1-5 RC正弦波振荡器原理图

元件参考参数：

$R_1 = R_2 = R_4 = 10\,\mathrm{k}\Omega$；$R_5 = 20\,\mathrm{k}\Omega$；$R_{P1} = 4.7\,\mathrm{k}\Omega$；$R_3 = R_6 = 5.1\,\mathrm{k}$；$C_1 = C_2 = 0.1\,\mu\mathrm{F}$；

①静态调试

根据原理图1-1-5，接入直流电源$V_{CC} = 15\,\mathrm{V}$，输出端接上示波器，调节R_w使振荡器不起振，用万用表测量运放各引脚的直流电位填入表1-1-14，并与理论值进行比较分析。写出理论推导过程。

表1-1-14　各引脚的电位（测试条件$V_{CC} = 15\,\mathrm{V}$）

引脚编号	U_4	U_5	U_6	U_7	U_8
测量值（V）					
理论值（V）					

绘出电路测试方框图：

②动态调试

调节R_w使振荡器起振，用示波器观察振荡器输出的波形，并使输出波形为不失真正弦波，用毫伏表或数字示波器测出u_+、u_-、u_o幅值，用示波器测出f_o，将测试值与理论计算值进行比较，记于表1-1-15。

表1-1-15　动态调试测试表（测试条件$V_{CC} = 15\,\mathrm{V}$）

测试项目	u_+	u_-	u_o	$f_o \approx 1/2\pi R_1 C_1$	$F_+ = u_+ / u_o$	$A_{\mu F} = u_o / u_-$
测试值						
理论值						

以上测试项目，测试条件在实际考核中会有些许调整。

（2）实施条件

正弦波振荡电路板：一块；双路直流稳压电源：一台；示波器：一台；万用表：一只；毫伏表一台；测试导线：若干。

（3）考核时间

120分钟。

（4）评分标准

见本模块表1-1-4。

6.试题编号：J1-6　门电路功能测试与转换

（1）任务描述

利用数字电路实验箱或电路板，完成与非门的测试，并利用集成与非门构成其他门电路，记录实验结果。

①测试与非门74LS00的逻辑功能

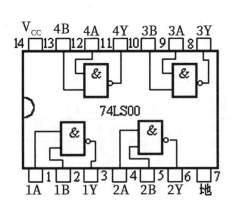

图1-1-6　74LS00外引线排列图

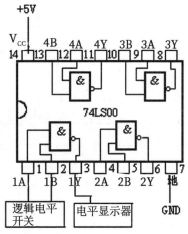

图1-1-7　74LS00测试示意图

图1-1-6是74LS00的引脚图，图1-1-7是74LS00的测试示意图。按图1-1-7接好集成电路的电源、地线。与非门的两个输入端分别接入开关信号，逻辑电平显示器显示输出信号，分别测试一片74LS00的四个与非门的逻辑功能，将测试结果记录于表1-1-16中。

表1-1-16　74LS00各与非门逻辑功能测试记录

1A	1B	1Y	2A	2B	2Y	3A	3B	3Y	4A	4B	4Y
0	0		0	0		0	0		0	0	
0	1		0	1		0	1		0	1	
0	0		0	0		0	0		0	0	
1	1		1	1		1	1		1	1	
1Y=			2Y=			3Y=			4Y=		

②用集成与非门组成2输入端或门

将或逻辑表达式转换成与非式，并将推演过程书写在方框内。

画出其逻辑图，测试其逻辑功能，将结果填入表1-1-17中。

表1-1-17　或门逻辑功能测试记录

A	B	Y	逻辑图
0	0		
0	1		
1	0		
1	1		
Y=			

③看图连线

根据连线方框图完成电路连接，并测试电路逻辑功能，将结果填入表1-1-18中。

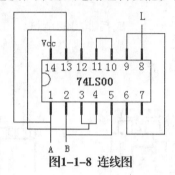

图1-1-8 连线图

表1-1-18 电路逻辑功能测试记录

A	B	Y
0	0	
0	1	
1	0	
1	1	
Y=		

画出图1-1-8图所示电路的逻辑图，并利用逻辑函数公式化简得出最简与或式。

以上测试项目，在实际考核中连线方式会有些许调整。

（2）实施条件

数字电路实验箱：1个；测试导线：若干。

（3）考核时间

120分钟。

（4）评分标准

见本模块表1-1-4。

7.试题编号：J1-7 三人表决电路测试

（1）任务描述

利用数字电路实验箱或电路板，完成三人表决电路的测试，并记录实验结果。

①测试与非门74LS00的逻辑功能

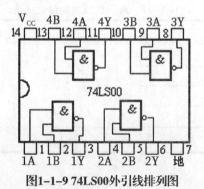

图1-1-9 74LS00外引线排列图

图1-1-9是74LS00的引脚图，测试一片74LS00上的四个与非门的逻辑功能，将测试结果记录于表1-1-19中。

表1-1-19　74LS00各与非门逻辑功能测试记录

1A	1B	1Y	2A	2B	2Y	3A	3B	3Y	4A	4B	4Y
0	0		0	0		0	0		0	0	
0	1		0	1		0	1		0	1	
0	0		0	0		0	0		0	0	
1	1		1	1		1	1		1	1	

②测试与非门74LS10的逻辑功能

图1-1-10是74LS10的引脚图，测试一片74LS10上的三个与非门的逻辑功能，将测试结果记录于表1-1-20中。

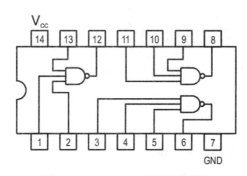

图1-1-10　74LS10外引线排列图

表1-1-20　74LS10各与非门逻辑功能测试记录

1A	1B	1C	1Y	2A	2B	2C	2Y	3A	3B	3C	3Y
0	0	0		0	0	0		0	0	0	
0	0	1		0	0	1		0	0	1	
0	1	0		0	1	0		0	1	0	
0	1	1		0	1	1		0	1	1	
1	0	0		1	0	0		1	0	0	
1	0	1		1	0	1		1	0	1	
1	1	0		1	1	0		1	1	0	
1	1	1		1	1	1		1	1	1	

③三人表决器逻辑功能测试

根据逻辑图完成电路连接，并测试电路逻辑功能，将结果填入表1-1-21中。

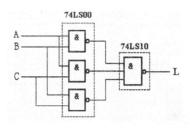

图1-1-11　三人表决器逻辑电路

表1-1-21　电路逻辑功能测试记录

A	B	C	Y
0	0	0	
0	0	1	
0	1	0	
0	1	1	
1	0	0	
1	0	1	
1	1	0	
1	1	1	

写出图1-1-11逻辑图的最简与或式推导过程：

（2）实施条件

数字电路实验箱：1个；测试导线：若干。

（3）考核时间

120分钟。

（4）评分标准

见本模块表1-1-4。

8.试题编号：J1-8　计数器电路测试

（1）任务描述

利用数字电路实验箱或电路板，完成计数器电路测试，并记录实验结果。

①测试集成计数器74LS161的逻辑功能

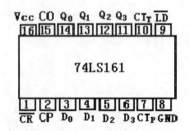

图1-1-12　74LS161外引线排列图

图1-1-12是74LS161的引脚图，测试一片74LS161的计数逻辑功能，将测试结果记录于表1-1-22中。

表1-1-22　74LS161各与非门逻辑功能测试记录

输 入					输 出				
$\overline{CR}$	$\overline{LD}$	CT_P	CT_T	CP	Q_3	Q_2	Q_1	Q_0	逻辑功能
0	×	×	×	×					
1	0	×	×						
1	1	0	1	×					
1	1	×	0	×					
1	1	1	1						

②N进制计数器逻辑功能测试

根据图1-1-13完成电路连接，并测试电路逻辑功能，将结果填入表1-1-23中。

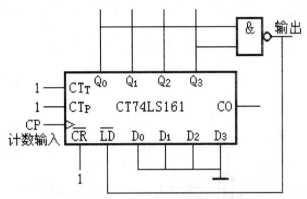

图1-1-13　N进制计数器逻辑电路

表1-1-23　N进制计数器逻辑功能测试记录

CP_U（上升沿）	Q_3	Q_2	Q_1	Q_0
初始状态	0	0	0	0
1				
2				
3				
4				
5				
6				
7				
8				
9				
10				
11				
12				
13				
14				
15				
$N=$				

（2）实施条件

数字电路实验箱：1个；测试导线：若干。

（3）考核时间

120分钟。

（4）评分标准

见本模块表1-1-4。

9.试题编号：J1-9　555时基电路多谐振荡器测试

（1）任务描述

利用电路板，完成555构成的多谐振荡电路的测试，并记录实验结果。

①多谐电路振荡电路调试

图1-1-14是555构成的多谐振荡电路，按图所示接上5 V电源，调节电位器R_{P1}、R_{P2}，使电路起振，用示波器观察U_c及U_{o1}的波形，并在表1-1-24中画出对应的波形。

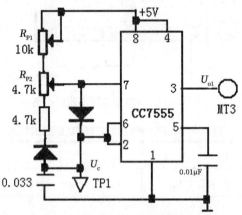

图1-1-14　555构成的多谐电路原理图

表1-1-24　多谐振荡测试波形记录表

参　数	波　形
U_c 波形	
U_{o1} 波形	

绘出电路测试方框图：

②多谐电路振荡电路输出频率测试

按图所示接上5 V电源，调节电位器R_{P1}、R_{P2}，用示波器观测U_{o1}波形的周期的变化范围，将结果记录于表1-1-25中。

表1-1-25　多谐振荡测试频率记录表

输出频率	实测值
f_{max}（Hz）	
f_{min}（Hz）	

③多谐电路振荡电路输出波形测试

按图所示接上5 V电源，调节电位器R_{P1}、R_{P2}，使输出为方波，用示波器观测U_{o1}波形，将测试结果记录于表1-1-26中。

表1-1-26　多谐振荡测试波形测试记录表

输出频率 f_o	波形占空比 q	输出电压 U_{opp}（峰峰值）

（2）实施条件

555多谐振荡电路板：一块；双路直流稳压电源：一台；示波器：一台；万用表：一只；测试导线：若干。

（3）考核时间

120分钟。

（4）评分标准

见本模块表1-1-4。

10.试题编号：J1-10　线性串联直流稳压电源测试

（1）任务描述

线性串联直流稳压电源是早期的稳压电源电路，输出电压比输入电压低，反应速度快，输出纹波较小，效率较低。利用提供的电路板，完成线性串联直流稳压电源电路的测试，并记录实验结果。

①滤波电路测试

图1-1-15是分立元件构成的线性串联稳压电源电路，按图所示接上10 V交流电压，示波器观察U_2、U_A的波形，在表1-1-26中画出波形并记录幅值（平均值）。

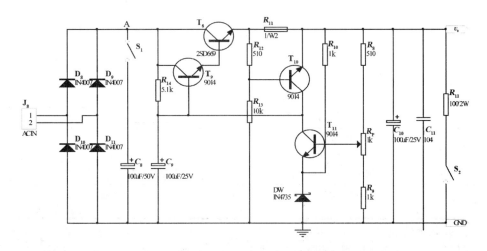

图1-1-15　线性直流稳压电源原理图

绘出电路测试方框图：

表1-1-26　滤波电路测试波形记录表

测试条件	U_2		U_A		
	波　形	幅　值(V)	波　形	平均值(V)	纹波电压 (有效值，mV)
空载					
负载 100 Ω					

②串联稳压电源输出电阻R_o的测试

输入电压固定(例如$U_2 = 10$ V)时，接入固定负载（$R_L = 100$ Ω），测量$R_L = \infty$和$R_L = 100$ Ω条件下的U_o及I_o值，记录于表1-1-27，根据R_o定义计算R_o的值：

$$R_o = \frac{\triangle U_o}{\triangle I_o}$$

绘出电路测试方框图：

表1-1-27　输出电阻测试记录表

测试条件 $R_L = \infty$，100 Ω	测量值 （$R_L = \infty$）		测量值 （$R_L = 100$ Ω）		计算值		
	U_o	I_o	U_o	I_o	$\triangle I_o$	$\triangle U_o$	R_o
$U_2 = 10$ V							

（2）实施条件

串联稳压电源电路测试板：一块；毫伏表：一台；数字示波器：一台；变压器：一台；

数字万用表：一块；测试导线：若干。

（3）考核时间

120分钟。

（4）评分标准

见本模块表1-1-4。

模块二 电子产品的组装与调试

1.试题编号：J2-1 电平指示器的组装与调试

（1）任务描述

某企业承接了一批电平指示器的组装与调试任务，请按照相应的企业生产标准完成该产品的组装与调试，实现该产品的基本功能，满足相应的技术指标，并正确填写相关技术文件或测试报告。原理图如图1-2-1所示。

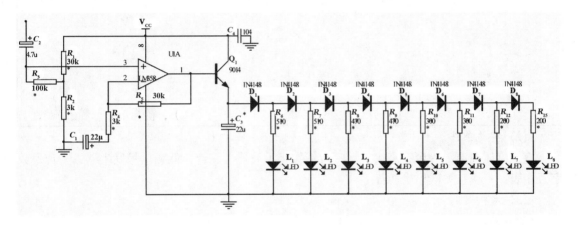

图1-2-1 电平指示器原理图

①元件测试

本套元件是按所需元件的120%配置，请准确清点和检查全套装配材料数量和质量，进行元器件的识别与检测，筛选确定元器件。

表1-2-1 测试表

元器件	识别及检测内容		
电阻器 2支	色环		标称值（含误差）
	橙黑黑棕棕（五环电阻）		
	棕黑棕金（四环电阻）		
LED	所用仪表		数字表 指针表
	万用表读数（含单位）	正测	
		反测	
二极管 1N4148	万用表读数（含单位）	正测	
		反测	

②组装与调试

根据提供的印制电路板组装电路，印制电路板组件符合IPC–A–610D《电子组件的可接受性》标准的一级产品等级可接受条件。装配完成后，通电测试，只接入9 V电源，不接入音频信号，测试静态值记入表1–2–2。

接入1 kHz音频信号，调节输入信号幅度，实现电平全亮指示效果，测试下列各点动态幅值，记入表1–2–2。

表1–2–2 波形测试

测试点	IC$_1$ 脚	IC$_2$ 脚	IC$_3$ 脚	V 发射极
静态测试	电位			
动态测试	最大值 (V)			

绘出电路测试方框图：

（2）实施条件

直流稳压电源：一台；毫伏表：一台；数字示波器：一台；低频信号发生器：一台；数字万用表：一块；测试导线：若干。

（3）考核时间

120分钟。

（4）评分标准

表1–2–3 通孔和混合安装工艺电子产品的组装与调试评分细则

考核内容		分值	评分细则	备注
职业素养20分	工作前准备	10	做好装配前准备。不进行清点电路图、仪表、工具、材料等操作扣5分，摆放不整齐扣2分	出现明显失误造成元件或仪表、设备损坏等安全事故或严重违反考场纪律，造成恶劣影响的本次考核0分
	职业行为习惯	10	测试过程仪表、导线摆放凌乱，测试结束后工位清理不整齐、不整洁扣5分/次；未遵守安全规则，扣5分	
操作规范30分	操作过程规范	5	不进行色环电阻识读，或不使用万用表检验电阻阻值扣1分。如有电容、晶体管等元件，不检验质量好坏扣2分	
		5	合理选择设备或工具对元件进行成型和插装。每2个成型或插装不符合要求的元件扣1分，累计超过10个元件本项记0分	
		5	正确选择装配工具和材料进行装配。恒温烙铁温度调节不准确，清洁海绵没准备扣2分；不能正确使用电烙铁扣2分；不能正确使用工具对导线进行处理扣2分	
		10	正确选择和操作仪器设备对电路进行调试。仪器选择不当扣5分，仪器仪表使用不规范扣5分/次，累计3次及以上本项计0分	

续表

考核内容		分值	评分细则	备注
作品 50分		5	对耗材浪费，不爱惜工具，扣3分；损坏工具、仪表扣本大项的30分；测试延时每分钟扣1分，累计不超过5分；考生发生严重违规操作，取消考试成绩	
	工艺	10	电路板作品要求符合IPC-A-610标准中各项可接受条件的要求（1级），即符合标准中的元件成型、插装、贴装、手工焊接等工艺要求的可接受最低条件： 1. 元器件选择正确，选错1个扣1分。 2. 成型和插装符合工艺要求，1处不符合扣1分。 3. 元件引脚和焊盘浸润良好，无虚焊、空洞或堆焊现象。每出现1处虚焊、空洞或堆焊扣1分，短路扣3分，焊盘翘起、脱落（含未装元器件处）1处扣2分。 4. 损坏1只元器件扣1分，烫伤导线、塑料件、外壳1处扣2分，连接线焊接处线头不外露，否则1处扣1分。 5. 插座插针垂直整齐，否则1个扣1分，插孔式元器件引脚长度2~3mm，且剪切整齐，否则酌情扣1分。 6. 整板焊接点未进行清洁处理扣5分	
	工艺文件	10	①元件清单多列、少列、错列1处扣1分 ②工具设备清单多列、少列、错列1处扣1分 ③测试方框图错画、漏画1处扣0.5分 ④电路组装与调试的步骤多写、少写、错写1处扣1分	
	功能	20	电路通电正常工作，且各项功能完好。功能缺失按比例扣分。其中，开机烧坏电源或其他电路，本项记0分	
	指标	10	测试参数正确，即各项技术参数指标测量值的上下限不超出要求的±10%。1项不符合要求扣2分	
时间要求			时间120分钟，延时1分钟扣5分	
总分			100分	

2. 试题编号：J2-2 简易广告彩灯的组装与调试

（1）任务描述

某企业承接了一批简易广告彩灯的组装与调试任务，请按照相应的企业生产标准完成该产品的组装与调试，实现该产品的基本功能，满足相应的技术指标，并正确填写相关技术文件或测试报告。原理图如图1-2-2所示。

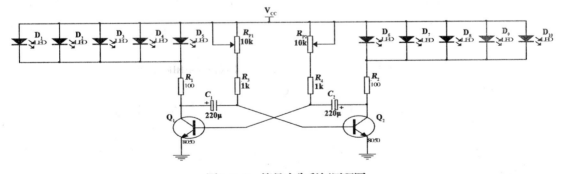

图1-2-2 简易广告彩灯原理图

①元件测试

本套元件是按所需元件的120%配置，请准确清点和检查全套装配材料数量和质量，进行元器件的识别与检测，筛选确定元器件。

表1-2-4　元件测试表

元器件	识别及检测内容		
电阻器 2支	色环或数码	标称值（含误差）	
	色环电阻：棕黑黑棕棕		
	色环电阻：红黑棕金		
发光二极管	所用仪表	数字表　指针表	
	万用表读数（含单位）	正测	
		反测	
三极管 8050	所用仪表	数字表　指针表	
	标出三极管的管脚（在右框中画出三极管的管脚图，且标出各管脚对应的名称）		

②组装与调试

根据提供的印制电路板组装电路，印制电路板组件符合IPC-A-610D《电子组件的可接受性》标准的一级产品等级可接受条件。装配完成后，通电测试，调节电位器，使电路起振，并使彩灯每秒闪烁5次左右。

表1-2-5　波形测试表

测试点	V1 基极	V2 基极
波　形		
周期（ms）		
幅值(V)		

绘出电路测试方框图：

（2）**实施条件**

双路直流稳压电源：一台；毫伏表：一台；数字示波器：一台；数字万用表：一块；测试导线：若干。

（3）**考核时间**

120分钟。

（4）**评分标准**

见本模块表1-2-3。

3. 试题编号：J2-3　简易广告跑灯的组装与调试

（1）任务描述

某企业承接了一批简易广告跑灯的组装与调试任务，请按照相应的企业生产标准完成该产品的组装与调试，实现该产品的基本功能，满足相应的技术指标，并正确填写相关技术文件或测试报告。原理图如图1-2-3所示。

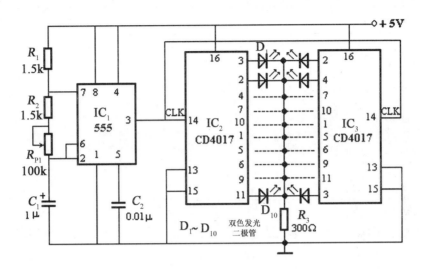

图1-2-3　简易广告跑灯原理图

①元件测试

本套元件是按所需元件的120%配置，请准确清点和检查全套装配材料数量和质量，进行元器件的识别与检测，筛选确定元器件。

表1-2-6　元件测试表

元器件	识别及检测内容		
电阻器 1 支	色环		标称值（含误差）
	红黑黑棕棕（五环电阻）		
电容 1 支	103		
双色 LED		公共端	
		极性	共阴□ 共阳□

②组装与调试

根据提供的印制电路板组装电路，印制电路板组件符合IPC-A-610D《电子组件的可接受性》标准的一级产品等级可接受条件。装配完成后，通电测试，实现跑灯效果，要求两秒钟跑完一个循环。

表1-2-7　波形测试表

测试点	IC1 输出（3 脚）
波　形	
最高频率（Hz）	
最低频率（Hz）	
幅值 (V)	

绘出电路测试方框图：

（2）实施条件

双路直流稳压电源：一台；毫伏表：一台；数字示波器：一台；数字万用表：一块；测试导线：若干。

（3）考核时间

120分钟。

（4）评分标准

见本模块表1-2-3。

4. 试题编号：J2-4　声光停电报警器的组装与调试

（1）任务描述

某企业承接了一批声光停电报警器的组装与调试任务，请按照相应的企业生产标准完成该产品的组装与调试，实现该产品的基本功能，满足相应的技术指标，并正确填写相关技术文件或测试报告。原理图如图1-2-4所示。

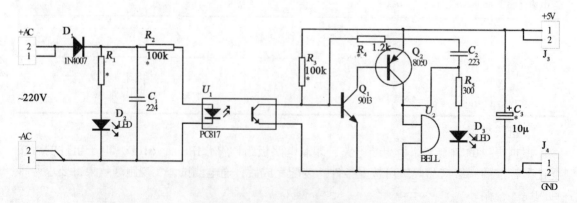

图1-2-4　声光停电报警器原理图

①元件测试

本套元件是按所需元件的120%配置，请准确清点和检查全套装配材料数量和质量，进行元器件的识别与检测，筛选确定元器件。

表1-2-8　测试表

元器件	识别及检测内容		
电容 1 支	规格型号	容量	
	223		
光耦 （各引脚的名称）	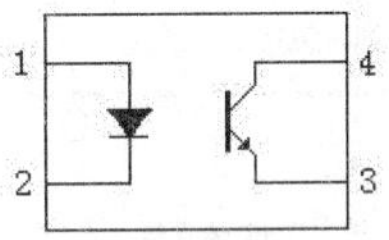	1	
		2	
		3	
		4	

②组装与调试

根据提供的印制电路板组装电路，印制电路板组件符合IPC-A-610D《电子组件的可接受性》标准的一级产品等级可接受条件。装配完成后，通电测试电路。

表1-2-9　波形测试表

测试点	V1 基极
波　形	
频率（Hz）	
幅　值(V)	

绘出电路测试方框图：

（2）实施条件

双路直流稳压电源：一台；毫伏表：一台；数字示波器：一台；数字万用表：一块；测试导线：若干。

（3）考核时间

120分钟。

（4）评分标准

见本模块表1-2-3。

5.试题编号：J2-5　四路彩灯的组装与调试

（1）任务描述

某企业承接了一批四路彩灯的组装与调试任务，请按照相应的企业生产标准完成该产品的组装与调试，实现该产品的基本功能，满足相应的技术指标，并正确填写相关技术文件或测试报告。原理图如图1-2-5所示。

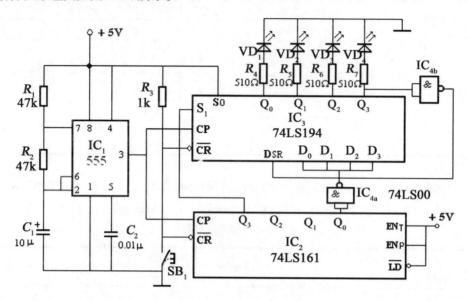

图1-2-5　四路彩灯原理图

①元件测试

本套元件是按所需元件的120%配置，请准确清点和检查全套装配材料数量和质量，进行元器件的识别与检测，筛选确定元器件。

表1-2-10　元件测试表

元器件	识别及检测内容		
电阻	色环或数码	标称值（含误差）	
	黄紫黑红棕		
电容	103		
LED	万用表读数（含单位）	数字表□　　指针表□	
		正测	
		反测	

②组装与调试

根据提供的印制电路板组装电路，印制电路板组件符合IPC-A-610D《电子组件的可接受性》标准的一级产品等级可接受条件。装配完成后，通电测试电路。

表1-2-11　电路测试表

脉冲	测试条件：$S_1=0$			
	Q_0	Q_1	Q_2	Q_3
1				
2				
3				
4				
5				
6				
7				
8				

绘出电路测试方框图：

（2）实施条件

双路直流稳压电源：一台；数字万用表：一块；测试导线：若干。

（3）考核时间

120分钟。

（4）评分标准

见本模块表1-2-3。

6.试题编号：J2-6　简易秒表的组装与调试

（1）任务描述

某企业承接了一批简易秒表的组装与调试任务，请按照相应的企业生产标准完成该产品的组装与调试，实现该产品的基本功能，满足相应的技术指标，并正确填写相关技术文件或测试报告。原理图如图1-2-6所示。

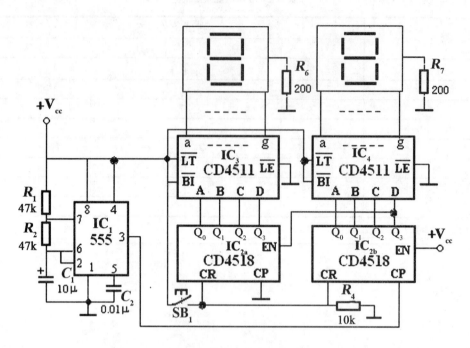

图1-2-6 简易秒表原理图

①元件测试

本套元件是按所需元件的120%配置，请准确清点和检查全套装配材料数量和质量，进行元器件的识别与检测，筛选确定元器件。

表1-2-12 元件测试表

元器件	识别及检测内容	
电阻	色环或数码	标称值（含误差）
	黄紫黑红棕	
电容	103	
数码管	所用仪表	数字表□　　　　指针表□
	标出数码管的管脚（在右框中画出数码的外形图，且标出各管脚对应的数码段）	

②组装与调试

根据提供的印制电路板组装电路，印制电路板组件符合IPC-A-610D《电子组件的可接受性》标准的一级产品等级可接受条件。装配完成后，通电测试电路，绘出电路测试方框图。

按下SB₁，两位数码管显示的数字是_____，两位数码管计数显示的最大数值是_____。

绘出电路测试方框图：

（2）实施条件

双路直流稳压电源：一台；数字万用表：一块；测试导线：若干。

（3）考核时间

120分钟。

（4）评分标准

见本模块表1-2-3。

7.试题编号：J2-7 简易固定密码锁的组装与调试

（1）任务描述

某企业承接了一批简易密码锁的组装与调试任务，请按照相应的企业生产标准完成该产品的组装与调试，实现该产品的基本功能，满足相应的技术指标，并正确填写相关技术文件或测试报告。原理图如图1-2-7所示。

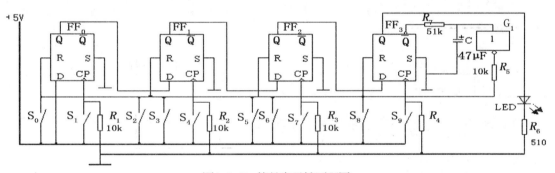

图1-2-7 简易密码锁原理图

①元件测试

本套元件是按所需元件的120%配置，请准确清点和检查全套装配材料数量和质量，进行元器件的识别与检测，筛选确定元器件。

表1-2-13 元件测试表

元器件	识别及检测内容	
电阻 1 支	色环或数码	标称值（含误差）
	黄紫黑红棕	
电容	103	

续表

元器件	识别及检测内容		
LED	万用表读数（含单位）	数字表□	指针表□
		正测	
		反测	

②组装与调试

根据提供的印制电路板组装电路，印制电路板组件符合IPC-A-610D《电子组件的可接受性》标准的一级产品等级可接受条件。装配完成后，通电测试电路。

按下S_1，测试FF_0的Q端为_____电平，再按下S_4，测试FF_1的$\overline{Q}$端为_____电平，接着按下S_7，测试FF_2的Q端为_____电平，最后按下S_9，测试FF_3的$\overline{Q}$端为_____电平。

绘出电路测试方框图：

（2）实施条件

双路直流稳压电源：一台；数字万用表：一块；测试导线：若干。

（3）考核时间

120分钟。

（4）评分标准

见本模块表1-2-3。

8.试题编号：J2-8　简易抢答器的组装与调试

（1）任务描述

某企业承接了一批简易抢答器的组装与调试任务，请按照相应的企业生产标准完成该产品的组装与调试，实现该产品的基本功能，满足相应的技术指标，并正确填写相关技术文件或测试报告。原理图如图1-2-8所示。

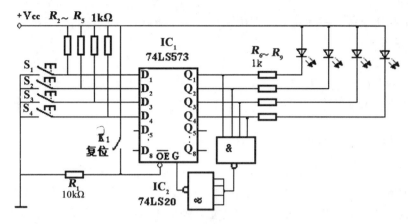

图1-2-8 简易抢答器原理图

①元件测试

本套元件是按所需元件的120%配置，请准确清点和检查全套装配材料数量和质量，进行元器件的识别与检测，筛选确定元器件。

表1-2-14 测试表

元器件	识别及检测内容	
电阻	色环或数码	标称值（含误差）
	黄紫黑红棕	
LED	万用表读数（含单位）	数字表□ 指针表□
	正测	
	反测	

②组装与调试

根据提供的印制电路板组装电路，印制电路板组件符合IPC-A-610D《电子组件的可接受性》标准的一级产品等级可接受条件。装配完成后，通电测试电路。

表1-2-15 各点电平测试

测试条件 \ 测试点	IC$_1$ G 端	IC$_1$ Q$_1$ 端	IC$_1$ Q$_2$ 端	IC$_1$ Q$_3$ 端	IC$_1$ Q$_4$ 端
按下 K$_1$					
按下 S$_1$					

绘出电路测试方框图：

（2）实施条件

双路直流稳压电源：一台；数字万用表：一块；测试导线：若干。

（3）考核时间

120分钟。

（4）评分标准

见本模块表1-2-3。

9.试题编号：J2-9　简易信号发生器的组装与调试

（1）任务描述

某企业承接了一批简易信号发生器的组装与调试任务，请按照相应的企业生产标准完成该产品的组装与调试，实现该产品的基本功能，满足相应的技术指标，并正确填写相关技术文件或测试报告。原理图如图1-2-9所示。

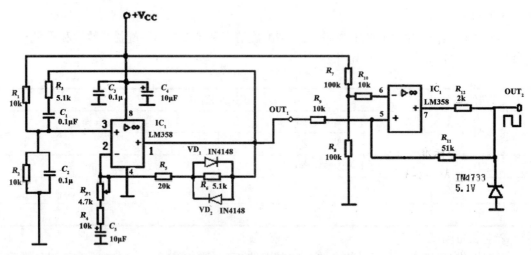

图1-2-9　简易信号发生器原理图

①元件测试

本套元件是按所需元件的120%配置，请准确清点和检查全套装配材料数量和质量，进行元器件的识别与检测，筛选确定元器件。

表1-2-16　元件测试表

元器件	识别及检测内容		
电阻 1 支	色环或数码	标称值（含误差）	
	黄紫黑红棕		
电容	103		
LED	万用表读数（含单位）	数字表□　　　指针表□	
		正测	
		反测	

②组装与调试

根据提供的印制电路板安装电路，印制电路板组件符合IPC-A-610D《电子组件的可接受性》标准的一级产品等级可接受条件。装配完成后，接入直流电源12 V，调节R_{P1}，使电路起振，OUT_1输出波形不失真。

表1-2-17　信号发生器测试表

测试点	OUT_1	OUT_2
波形		
频率（Hz）		
幅值(V)		

绘出电路测试方框图：

（2）实施条件

双路直流稳压电源：一台；毫伏表：一台；数字示波器：一台；数字万用表：一块；测试导线：若干。

（3）考核时间

120分钟。

（4）评分标准

见本模块表1-2-3。

10.试题编号：J2-10　电源欠压过压报警器的组装与调试

（1）任务描述

某企业承接了一批电源欠压过压报警器的组装与调试任务，请按照相应的企业生产标准完成该产品的组装与调试，实现该产品的基本功能，满足相应的技术指标，并正确填写相关技术文件或测试报告。原理图如图1-2-10所示。

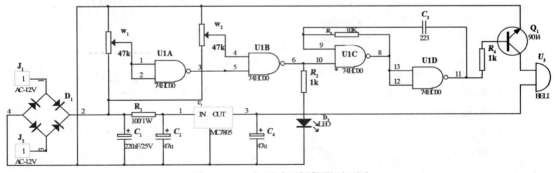

图1-2-10　欠压过压报警器原理图

①元件测试

本套元件是按所需元件的120%配置，请准确清点和检查全套装配材料数量和质量，进行元器件的识别与检测，筛选确定元器件。

表1-2-18　测试表

元器件	识别及检测内容	
电阻 1支	色环或数码	标称值（含误差）
	黄紫黑红棕	
三极管	所用仪表	数字表□　　　指针表□
	标出三极管的管脚（在右框中画出三极管的外形图，且标出各管脚对应的极性）	

②组装与调试

根据提供的印制电路板安装电路，印制电路板组件符合IPC-A-610D《电子组件的可接受性》标准的一级产品等级可接受条件。装配完成后，通过调压器接入交流通电测试，先调节W_1、W_2，使输入电压低于8 V或高于12 V时，蜂鸣器报警。利用提供的仪表测试本电路。

表1-2-19　各点电平测试

测试条件＼测试点	U1-1端	U1-3端	U1-4端	U1-6端
欠压				
正常				
过压				

绘出电路测试方框图：

（2）实施条件

双路直流稳压电源：一台；调压变压器：一台；数字万用表：一块；数字示波器：一台；测试导线：若干。

（3）考核时间

120分钟。

（4）评分标准

见本模块表1-2-3。

11. 试题编号：J2-11　AD转换与显示电路的组装与调试

（1）任务描述

某企业承接了一批AD转换与显示电路的组装与调试任务，请按照相应的企业生产标准完成该产品的组装与调试，实现该产品的基本功能，满足相应的技术指标，并正确填写相关技术文件或测试报告。电路原理图如图1-2-11所示。

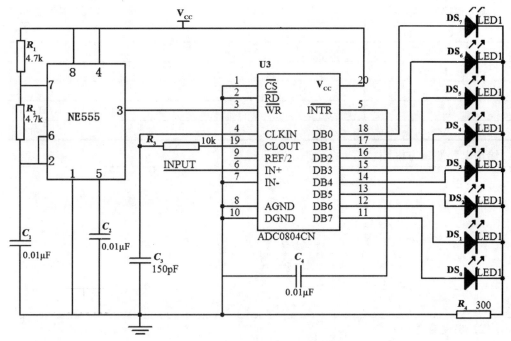

图1-2-11　AD转换与显示电路原理图

①元件测试

本套元件是按所需元件的120%配置，请准确清点和检查全套装配材料数量和质量，进行元器件的识别与检测，筛选确定元器件。

表1-2-20　测试表

元器件	识别及检测内容			
电阻器 2支	色环电阻	标称值（含误差）		
	绿蓝黑金棕			
	黄紫黑棕棕			
发光二极管	所用仪表	数字表□　　指针表□		
	万用表读数（含单位）	正测		
		反测		
NE555集成块	所用仪表	数字表□　　指针表□		
	①在右框中画出NE555集成块的外形图，且标出管脚顺序及名称。 ②列表测量出NE555集成块的电源脚、输出脚对接地脚的电阻值			

②组装与调试

根据提供的印制电路板组装电路，印制电路板组件符合IPC-A-610D《电子组件的可接受性》标准的一级产品等级可接受条件。装配完成后，接入V_{CC}=5 V，通电测试ADC0804集成块6脚的电压值。

表1-2-21 ADC0804转换测试

输入模拟量（V）	输出数字量	误差（以二进制数表示）
0.5		
0.6		
1		
2		
2.5		
3		

绘出电路测试方框图：

（2）实施条件

双路直流稳压电源：一台；数字示波器：一台；数字万用表：一块；测试导线：若干。

（3）考核时间

120分钟。

（4）评分标准

见本模块表1-2-3。

12. 试题编号：J2-12 简易测频仪电路的组装与调试

（1）任务描述

某企业承接了一批简易测频仪的组装与调试任务，请按照相应的企业生产标准完成该产品的组装与调试，实现该产品的基本功能，满足相应的技术指标，并正确填写相关技术文件或测试报告。电路原理图如图1-2-12所示。

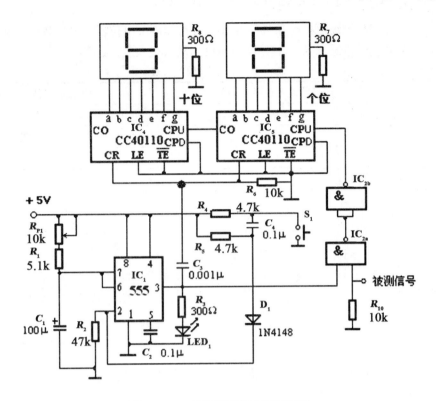

图1-2-12 简易测频仪电路原理图

①元件测试

本套元件是按所需元件的120%配置，请准确清点和检查全套装配材料数量和质量，进行元器件的识别与检测，筛选确定元器件。

表1-2-22 测试表

元器件	识别及检测内容			
电阻器	色环或数码		标称值（含误差）	
	黄紫黑棕棕			
电容	104			
发光二极管	所用仪表		数字表□ 指针表□	
	万用表读数（含单位）	正测		
		反测		
NE555集成块	所用仪表		数字表□ 指针表□	
	①在右框中画出NE555集成块的外形图，且标出管脚顺序及名称。②列表测量出NE555集成块的电源脚、输出脚对接地脚的电阻值			

②组装与调试

根据提供的印制电路板组装电路，印制电路板组件符合IPC-A-610D《电子组件的可接受性》标准的一级产品等级可接受条件。装配完成后，调节电位器，利用提供的仪表校准本测频仪，要求全量程误差低于±5%，并将测频仪测量值填入表1-2-23中。

表1-2-23　测频仪校正表

序号	信号源输出频率（Hz）	测频仪测量值（Hz）
1	10	
2	50	
3	95	

绘出电路测试方框图：

（2）实施条件

双路直流稳压电源：一台；数字示波器：一台；方波信号发生器：一台；数字万用表：一块；测试导线：若干。

（3）考核时间

120分钟。

（4）评分标准

见本模块表1-2-3。

13.试题编号：J2-13　串联型稳压电源电路的组装与调试

（1）任务描述

某企业承接了一批串联型稳压电源电路的组装与调试任务，请按照相应的企业生产标准完成该产品的组装与调试，实现该产品的基本功能，满足相应的技术指标，并正确填写相关技术文件或测试报告。电路原理图如图1-2-13所示。

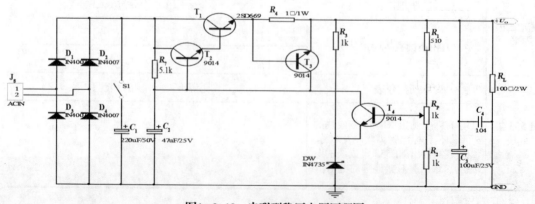

图1-2-13　串联型稳压电源原理图

①元件测试

本套元件是按所需元件的120%配置，请准确清点和检查全套装配材料数量和质量，进行元器件的识别与检测，筛选确定元器件。

表1-2-24 测试表

元器件	识别及检测内容		
电阻器	色环或数码	标称值（含误差）	
	色环电阻：灰红黑棕棕		
电容	104		
稳压二极管	所用仪表	数字表□ 指针表□	
	万用表读数（含单位）	正测	
		反测	
S9014 三极管	所用仪表	数字表□ 指针表□	
	①在右框中画出三极管的外形图，且标出管脚名称。②列表测量出 S9014 三极管各管脚间的正反向电阻值并判别好坏		

②组装与调试

根据提供的印制电路板组装电路，印制电路板组件符合IPC-A-610D《电子组件的可接受性》标准的一级产品等级可接受条件。装配完成后，通电测试，调节电位器，利用提供的仪表测试本稳压电源。

绘出电路在有载状态下纹波电压测试方框图：

a. 有载状态下，测量输出电压的范围U_{max}=___V，U_{min}=___V；

b. 调节电位器R_P，使输出为12 V，测量该电源的纹波电压（有效值）=_____mV。

（2）实施条件

双路直流稳压电源：一台；毫伏表：一台；数字示波器：一台；变压器：一台；数字万用表：一块；测试导线：若干。

（3）考核时间

120分钟。

（4）评分标准

见本模块表1-2-3。

14. 试题编号：J2-14　定时器电路的组装与调试

（1）任务描述

某企业承接了一批定时器电路的组装与调试任务，请按照相应的企业生产标准完成该产品的组装与调试，实现该产品的基本功能，满足相应的技术指标，并正确填写相关技术文件或测试报告。电路原理图如图1-2-14所示。

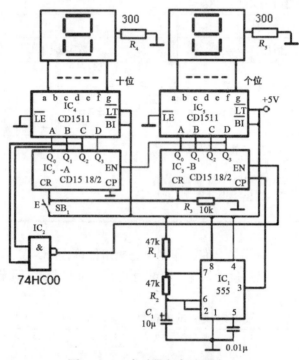

图1-2-14　定时器电路原理图

①元件测试

本套元件是按所需元件的120%配置，请准确清点和检查全套装配材料数量和质量，进行元器件的识别与检测，筛选确定元器件。

表1- 2-25　测试表

元器件	识别及检测内容		
电阻器	色环或数码	标称值（含误差）	
	色环电阻：蓝灰黑棕棕		
发光二极管	所用仪表	数字表□　　指针表□	
	万用表读数（含单位）	正测	
		反测	
NE555 集成块	所用仪表	数字表□　　指针表□	
	①在右框中画出 NE555 集成块的外形图，且标出管脚顺序及名称。②列表测量出 NE555 集成块的电源脚、输出脚对接地脚的电阻值		

②组装与调试

根据提供的印制电路板组装电路，印制电路板组件符合IPC-A-610D《电子组件的可接受性》标准的一级产品等级可接受条件。装配完成后，通电测试并填入表1-2-26中。

表1-2-26 CD4518集成块的使能端（10脚）的电压

芯片引脚	电压值（V）
10 脚	

该定时器定时_____秒，如要求定时40秒，如何连接，请绘出连接示意图。

绘出电路测试方框图：

（2）实施条件

双路直流稳压电源：一台；数字示波器：一台；数字万用表：一块；测试导线：若干。

（3）考核时间

120分钟。

（4）评分标准

见本模块表1-2-3。

15.试题编号：J2-15 集成功放电路的组装与调试

（1）任务描述

某企业承接了一批集成功放电路的组装与调试任务，请按照相应的企业生产标准完成该产品的组装与调试，实现该产品的基本功能，满足相应的技术指标，并正确填写相关技术文件或测试报告。电路原理图如图1-2-15所示。

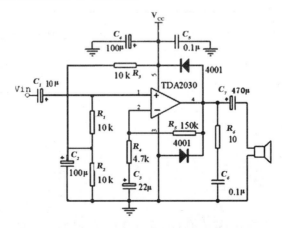

图1-2-15 集成功放电路原理图

①元件测试

本套元件是按所需元件的120%配置，请准确清点和检查全套装配材料数量和质量，进行元器件的识别与检测，筛选确定元器件。

表1- 2-27 测试表

元器件	识别及检测内容			
电阻器	色环或数码	标称值 (含误差)		
	色环电阻：蓝灰黑棕棕			
470 μF 电解电容	所用仪表		数字表□　　指针表□	
	万用表读数（含单位）	正测		
		反测		
TDA2030 集成块	所用仪表		数字表□　　指针表□	
	列表测量出 TDA2030 集成块的电源脚、输出脚对接地脚的电阻值			

②组装与调试

根据提供的印制电路板组装电路，印制电路板组件符合IPC-A-610D《电子组件的可接受性》标准的一级产品等级可接受条件。装配完成后，接入9 V电源，输入端接入1kHz正弦波信号，调节输入信号幅度，使输出波形不失真，利用提供的仪表测试TDA2030集成块输入、输出脚的波形，并填入表1-2-28中。

表1-2-28 波形测试表

U_{in} 波形图	
周期（ms）	
有效值 (V)	
U_o 波形图	
周期（ms）	
有效值 (V)	

绘出电路测试方框图：

（2）实施条件

双路直流稳压电源：一台；毫伏表：一台；数字示波器：一台；低频信号发生器：一台；数字万用表：一块；测试导线：若干。

（3）考核时间

120分钟。

（4）评分标准

见本模块表1-2-3。

16.试题编号：J2-16　开关电源电路的组装与调试

（1）任务描述

某企业承接了一批开关电源电路的组装与调试任务，请按照相应的企业生产标准完成该产品的组装与调试，实现该产品的基本功能，满足相应的技术指标，并正确填写相关技术文件或测试报告。电路原理图如图1-1-16所示。

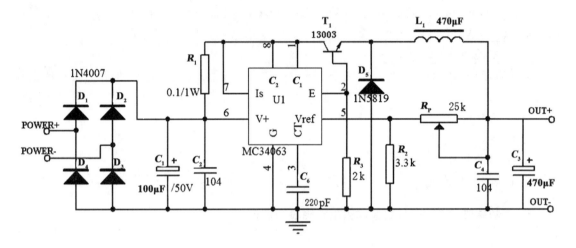

图1-1-16　开关电源电路原理图

①元件测试

本套元件是按所需元件的120%配置，请准确清点和检查全套装配材料数量和质量，进行元器件的识别与检测，筛选确定元器件。

表1-2-29　测试表

元器件	识别及检测内容			
电阻器	色环或数码		标称值（含误差）	
	绿黑银金（四环电阻）			
电容器 1 支	数码标识		容量值（µf）	
	104（片式 0805）			
1N4007	所用仪表		数字表□　　指针表□	
	万用表读数（含单位）	正测		
		反测		

②组装与调试

根据提供的印制电路板组装电路，印制电路板组件符合IPC-A-610D《电子组件的可接受性》标准的一级产品等级可接受条件。装配完成后，通电测试，调节电位器，利用提供的仪表测试本稳压电源。

绘出电路空载状态下纹波电压测试方框图：

③空载状态下，测量输出电压的范围U_{max}=____V，　U_{min}=____V；

④调节电位器R_P，使输出为12 V，接入100 Ω负载，测量该电源的纹波电压（有效值）= _____ mV；

（2）实施条件

双路直流稳压电源：一台；毫伏表：一台；数字示波器：一台；变压器：一台；数字万用表：一块；负载电阻：100 Ω/2 W；测试导线：若干。

（3）考核时间

120分钟。

（4）评分标准

见本模块表1-2-3。

17.试题编号：J2-17　数显逻辑笔的组装与调试

（1）任务描述

某企业承接了一批数显逻辑笔的组装与调试任务，请按照相应的企业生产标准完成该产品的组装与调试，实现该产品的基本功能，满足相应的技术指标，并正确填写相关技术文件或测试报告。电路原理图如图1-2-17所示。

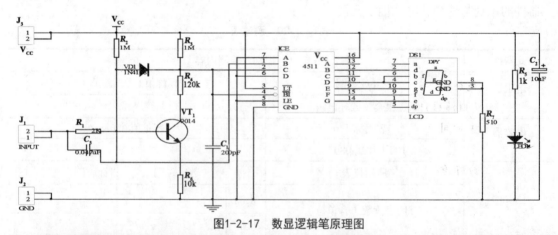

图1-2-17　数显逻辑笔原理图

①元件测试

本套元件是按所需元件的120%配置，请准确清点和检查全装配材料数量和质量，进行元器件的识别与检测，筛选确定元器件。

表1-2-30　测试表

元器件	识别及检测内容		
电阻器	色环或	标称值（含误差）	
	色环电阻：红白黑棕棕		
发光二极管	所用仪表	数字表□　　指针表□	
	万用表读数（含单位）	正测	
		反测	
数码管	所用仪表	数字表□　　指针表□	
	标出数码管的管脚（在右框中画出数码的外形图，且标出各管脚对应的数码）		

②组装调试

根据提供的印制电路板组装电路，印制电路板组件符合IPC-A-610D《电子组件的可接受性》标准的一级产品等级可接受条件。装配完成后，通电测试，输入端在不同状态下，集成电路CD4511的1、2、4、6、7脚的电位，填入表1-2-31中。

表1-2-31　测试表

输入状态	显示值	CD4511 对应状态				
		6 脚（D）	2 脚（C）	1 脚（B）	7 脚（A）	4 脚（/B/I）
输入端开路						
输入高电平						
输入低电平						

绘出电路测试方框图：

（2）实施条件

双路+5 V 直流稳压电源：一台；数字万用表：一块；测试导线：若干。

（3）考核时间

120分钟。

（4）评分标准

见本模块表1-2-3。

18.试题编号：J2-18三角波发生器的组装与调试

（1）任务描述

某企业承接了一批三角波发生器的组装与调试任务，请按照相应的企业生产标准完成该产品的组装与调试，实现该产品的基本功能、满足相应的技术指标，并正确填写相关技术文件或测试报告。电路原理图如图1-2-18所示。

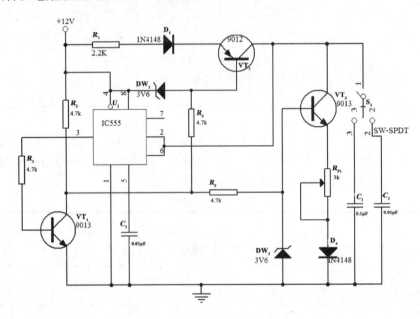

图1-2-18 三角波发生器原理图

①元件测试

本套元件是按所需元件的120%配置，请准确清点和检查全套装配材料数量和质量，进行元器件的识别与检测，筛选确定元器件。

表1-2-32 测试表

元器件	识别及检测内容		
电阻器 2 支	标识	标称值（含误差）	
	黄紫黑棕棕（五环电阻）		
	红红黑棕棕（四环电阻）		
电容器 1 支	数码标识	容量值 (μF)	
	103		
稳压管 3V6	所用仪表	数字表□ 指针表□	
	万用表读数（含单位）	正测	
		反测	

②组装与调试

根据提供的印制电路板组装电路，印制电路板组件符合IPC-A-610D《电子组件的可接受性》标准的一级产品等级可接受条件。装配完成后，通电测试，调节电位器，使输出波形左右对称，利用提供的仪表测试本信号发生器。

表1-2-33　波形测试表

名称	开关1、3脚连接	开关1、2脚连接
波形		
周期（mS）		
幅值 (V)		

绘出电路测试方框图：

（2）实施条件

双路直流稳压电源：一台；毫伏表：一台；数字示波器：一台；数字万用表：一块；测试导线：若干。

（3）考核时间

120分钟。

（4）评分标准

见本模块表1-2-3。

19.试题编号：J2-19　声光控开关电路的组装与调试

（1）任务描述

某企业承接了一批声光控开关电路的组装与调试任务，请按照相应的企业生产标准完成该产品的组装与调试，实现该产品的基本功能，满足相应的技术指标，并正确填写相关技术文件或测试报告。电路原理图如图1-2-19所示。

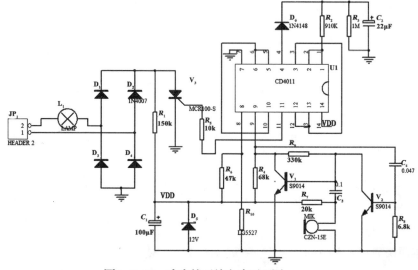

图1-2-19　声光控开关电路原理图

①元件测试

本套元件是按所需元件的120%配置，请准确清点和检查全套装配材料数量和质量，进行元器件的识别与检测，筛选确定元器件。

表1-2-34　测试表

元器件	识别及检测内容		
电阻器 2支		标称值（含误差）	
	蓝灰黑橙棕（五环电阻）		
	棕绿黄金（四环电阻）		
电容器 1支	数码标识	容量值（μf）	
	473		
光敏电阻	所用仪表	数字表□　　指针表□	
	万用表读数（含单位）	暗电阻	
		亮电阻	

②组装调试

根据提供的印制电路板组装电路，印制电路板组件符合IPC-A-610D《电子组件的可接受性》标准的一级产品等级可接受条件。装配完成后，通电测试，利用提供的仪表测试本电路关键点电压，并填入表1-2-35中。

表1-2-35　测试表

环境状态	灯状态	U1-8	U1-10	U1-11
无光无声				
有光无声				
无光有声				
有光有声				

注：灯状态指亮或灭，U1-8指U1芯片的8号引脚是高电平还是低电平。

绘出电路测试方框图：

（2）实施条件

白炽灯：一只；数字万用表：一块；测试导线：若干。

（3）考核时间

120分钟。

（4）评分标准

见本模块表1-2-3。

20.试题编号：J2-20　双路防盗报警器的组装与调试

（1）任务描述

某企业承接了一批双路防盗报警器的组装与调试任务，请按照相应的企业生产标准完成该产品的组装与调试，实现该产品的基本功能，满足相应的技术指标，并正确填写相关技术文件或测试报告。电路原理图如图1-2-20。

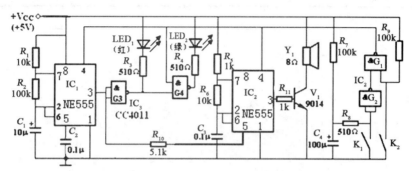

图1-2-20　双路防盗报警器原理图

①元件测试

本套元件是按所需元件的120%配置，请准确清点和检查全套装配材料数量和质量，进行元器件的识别与检测，筛选确定元器件。

表1-2-36　元件测试表

元器件	识别及检测内容			
电阻器	色环或数码		标称值（含误差）	
	色环电阻：蓝灰黑棕棕			
发光二极管	所用仪表		数字表□　　指针表□	
	万用表读数（含单位）	正测		
		反测		
NE555块	所用仪表		数字表□　　指针表□	
	①在右框中画出NE555集成块的外形图，且标出管脚顺序及名称。②列表测量出NE555集成块的电源脚、输出脚对接地脚的电阻值			

②组装与调试

根据提供的印制电路板安装电路，印制电路板组件符合IPC-A-610D《电子组件的可接受性》标准的一级产品等级可接受条件。装配完成后，利用提供的仪表测试CD4011（四二输入与非门）集成块IC$_3$与非门输出端电压，并填入表1-2-37中。

表1-2-37　测试表

开关 K_1	开关 K_2	报警器状态	IC_3-G_1 输出（V）	IC_3-G_2 输出（V）
闭合	闭合			
闭合	断开			
断开	闭合			
断开	断开			

绘出电路测试方框图：

（2）实施条件

双路直流稳压电源：一台；数字万用表：一块；测试导线：若干。

（3）考核时间

120分钟。

（4）评分标准

见本模块表1-2-3。

模块三 小型电子产品（电路）维修

1. 试题编号：J3-1　电平指示器电路的维修

（1）任务描述

电路为电平指示器电路。现出现当音频信号输入后指示器显示不正常的故障现象，试使用提供的仪器设备和元器件，分析判断故障现象和故障位置，并排除故障。电路图如图1-3-1所示。

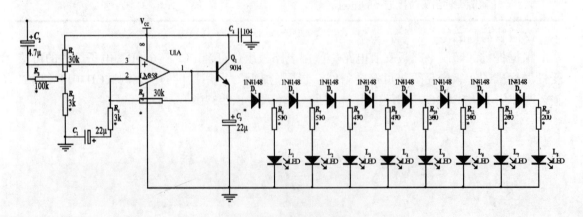

图1-3-1　电平指示器电路

①维修事项

a. 在电路进行维修前请做好准备工作，主要有：检查待修电路板与电路图纸是否相符；准确清点所需仪器设备、工具及材料是否与试题仪器设备、工具及材料清单一致；如有与清单所列不符，请及时向监考老师反映。

b. 按照电子产品维修流程进行检修的同时做好维修记录。

c. 排除故障后，要求进行上电安全检查，判断是否可以上电测试。

d. 在电路维修完成后，按《故障维修报告》要求填写电路维修报告（见表1-3-1）。

e. 在整个电路维修过程中，要求严格遵守安全操作规程，文明进行维修操作；防止电路板、检修仪器设备和人身安全事故发生。

表1-3-1　故障维修报告

故障现象	
工具、材料计划	
故障分析与判断	分析其可能原因，并确定实际原因：
故障处理过程	
处理结果	

维修员：　　　　　年　月　日

②考核故障点

a. $D_1 \sim D_8$ 中损坏1个；

b. $L_1 \sim L_8$ 中损坏1个；

c. Q_1 损坏；

d. R_4 损坏；

e. R_5 损坏；

f. 任意导线开路或相邻导线之间短路。

（2）实施条件

串联直流稳压电源：一台；电路板：一块；毫伏表：一台；数字示波器：一台；信号发生器：一台；数字万用表：一块；测试导线：若干。

（3）考核时间

120分钟。

（4）评分标准

表1-3-2 小型电子产品维修评分细则

评价内容		配分	考核细则	得分
职业素养 （20分）	准备工作	10	工具准备不充分扣2分；工具摆放不整齐扣2分；没有穿戴劳动防护用品扣5分	出现明显失误造成元件或仪表、设备损坏等安全事故或严重违反考场纪律，造成恶劣影响的本大项记0分
	6S规范	10	测试过程仪表、导线摆放凌乱，测试结束后工位清理不整齐、不整洁扣5分/次；未遵守安全规则，扣5分	
操作规范 （30分）	操作过程规范	5	采用的方法不当，仪器设备使用不合理，扣10分；采用的方法合理，仪器设备使用不合理，扣5分；采用的方法不合理，会影响仪器设备使用，扣5分；其他情况酌情扣分	
		15	合理选择设备或工具对元件进行拆焊和补件。每损坏1处铜箔扣3分，拆焊时导致印制电路板损坏而无法使用，本项记0分；正确选择装配工具和材料进行拆焊与装配，不能正确使用拆焊工具扣2分	
		10	测试步骤错误1次扣1分，累计大于等于5次扣5分；不爱惜工具，扣3分；损坏工具、仪表扣本大项的30分；测试延时每1分钟扣1分，累计不超过5分；考生发生严重违规操作，取消考试成绩	
作品 （50分）	维修报告	20	维修报告记录故障现象、工具和材料计划、故障分析与判断、故障处理过程、处理结果五部分。故障分析与判断占8分，其他部分各占3分，错误或不完整的记录按比例扣分	
	工艺	5	焊接工艺不符合IPC-A-610标准中各项可接受条件的要求（1级），扣5分	
	功能	25	维修后功能未恢复，伴随故障进一步扩大，扣25分；采取的一些有效措施，但功能未能恢复，扣12分；功能基本恢复，但不完善，扣5分	
时间要求			时间120分钟，延时1分钟扣5分	
总分			100分	

2.试题编号：J3-2 简易广告彩灯电路的维修

（1）任务描述

电路为简易广告彩灯电路。现出现彩灯显示不正常的故障现象，试使用提供的仪器设备和元器件，分析判断故障现象和故障位置，并排除故障。电路图如图1-3-2所示。

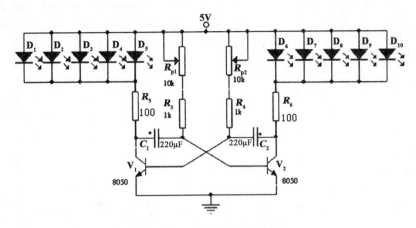

图1-3-2 简易广告彩灯电路

①维修事项

见本模块试题J3-1的维修事项。

②考核故障点

a. $D_1 \sim D_{10}$中损坏1个；

b. R_3或R_4中损坏1个；

c. V_1或V_2损坏；

d. R_{P1}或R_{P2}损坏；

e. 任意导线开路或相邻导线之间短路。

（2）实施条件

串联直流稳压电源：一台；电路板：一块；数字示波器：一台；数字万用表：一块；测试导线：若干。

（3）考核时间

120分钟。

（4）评分标准

见本模块表1-3-2。

3.试题编号：J3-3 跑灯电路的维修

（1）任务描述

电路为跑灯电路。现在电路出现不能正常显示跑灯故障现象，试使用提供的仪器设备和元器件，分析判断故障现象和故障位置，并排除故障。电路图如图1-3-3所示。

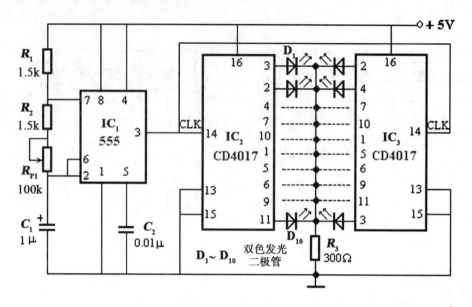

图1-3-3 跑灯电路

①维修事项

见本模块试题J3-1的维修事项。

②考核故障点

a. $D_1 \sim D_{10}$中损坏1个；

b. R_3开路；

c. R_1损坏；

d. R_2损坏；

e. 555芯片损坏；

f. 任意导线开路或相邻导线之间短路。

（2）实施条件

串联直流稳压电源：一台；电路板：一块；数字示波器：一台；数字万用表：一块；测试导线：若干。

（3）考核时间

120分钟。

（4）评分标准

见本模块表1-3-2。

4.试题编号：J3-4 三极管放大电路的维修

电路为三极管放大电路。现电路出现无法将信号正常放大的故障现象，试使用提供的仪器设备和元器件，分析判断故障现象和故障位置，并排除故障。电路图如图1-3-4所示。

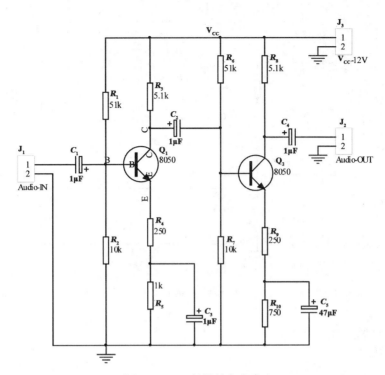

图1-3-4 三极管放大电路

①维修事项

见本模块试题J3-1的维修事项。

②考核故障点

a. Q_1损坏；

b. R_1损坏；

c. R_3损坏；

d. R_4损坏；

e. Q_2损坏；

f. 任意导线开路或相邻导线之间短路。

（2）实施条件

串联直流稳压电源：一台；电路板：一块；毫伏表：一台；数字示波器：一台；信号发生器：一台；数字万用表：一块；测试导线：若干。

（3）考核时间

120分钟。

（4）评分标准

见本模块表1-3-2。

5.试题编号：J3-5 四路彩灯电路的维修

（1）任务描述

电路为彩灯电路。SB_1为清零按钮，现出现彩灯显示不正常故障现象，试使用提供的仪器设备和元器件，分析判断故障现象和故障位置，并排除故障。电路图如图1-3-5所示。

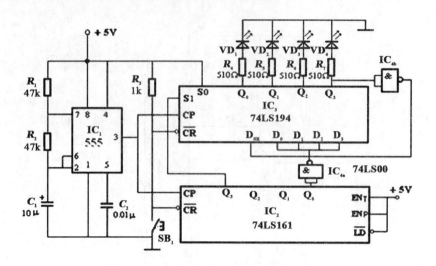

图1-3-5 四路彩灯电路

①维修事项

见本模块试题J3-1的维修事项。

②考核故障点

a. $VD_1 \sim VD_4$中开路或短路或装反1个；

b. $R_4 \sim R_7$中开路1个；

c. R_1损坏；

d. SB_1短路；

e. 任意导线开路或相邻导线之间短路。

（2）实施条件

串联直流稳压电源：一台；电路板：一块；数字示波器：一台；数字万用表：一块；测试导线：若干。

（3）考核时间

120分钟。

（4）评分标准

见本模块表1-3-2。

6.试题编号：J3-6 秒表电路的维修

（1）任务描述

电路为秒表电路。当闭合S_2秒表开始计秒，S_1为清零按钮，现出现不能正常计秒显示故障现象，试使用提供的仪器设备和元器件，分析判断故障现象和故障位置，并排除故障。电路图如图1-3-6所示。

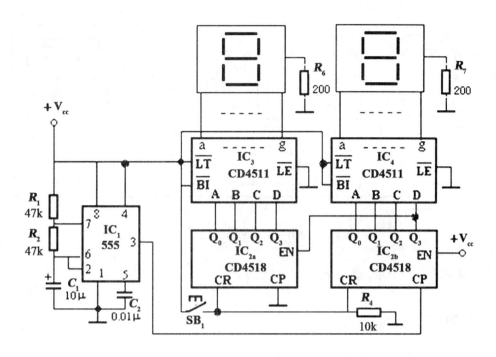

图1-3-6 秒表电路

① 维修事项

见本模块试题J3-1的维修事项。

② 考核故障点

a. $R_6 \sim R_7$ 中开路1个；

b. R_2/R_1 损坏；

c. C_1 开路或短路；

e. SB_1 短路；

e. 任意导线开路或相邻导线之间短路；

f. R_4 开路。

（2）实施条件

串联直流稳压电源：一台；电路板：一块；数字示波器：一台；数字万用表：一块；测试导线：若干。

（3）考核时间

120分钟。

（4）评分标准

见本模块表1-3-2。

7.试题编号：J3-7 密码锁电路的维修

（1）任务描述

电路为密码锁电路。现出现密码输入解锁故障现象，试使用提供的仪器设备和元器件，分析判断故障现象和故障位置，并排除故障。电路图如图1-3-7所示。

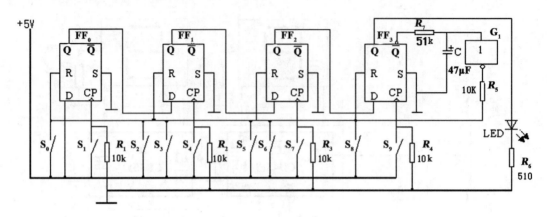

图1-3-7　密码锁电路

①维修事项

见本模块试题J3-1的维修事项。

②考核故障点

a. $R_1 \sim R_4$损坏；

b. R_6开路；

c. 任意导线开路或相邻导线之间短路；

e. LED开路或短路或接反。

（2）实施条件

串联直流稳压电源：一台；电路板：一块；数字万用表：一块；测试导线：若干。

（3）考核时间

120分钟。

（4）评分标准

见本模块表1-3-2。

8.试题编号：J3-8　简易抢答器电路的维修

（1）任务描述

电路为抢答器电路。现出现按键抢答不能正常显示故障现象，试使用提供的仪器设备和元器件，分析判断故障现象和故障位置，并排除故障。电路图如图1-3-8所示。

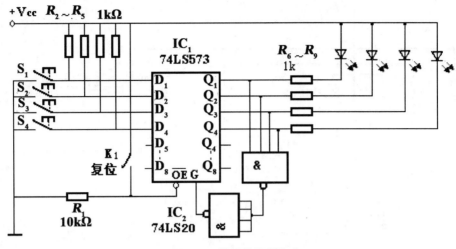

图1-3-8 简易抢答器电路

①维修事项

见本模块试题J3-1的维修事项。

②考核故障点

a. $S_1\sim S_4$中损坏1个；

b. $R_2\sim R_5$中损坏1个；

c. 发光二极管开路或短路或装反1个；

d. R_1损坏；

e. K_1短路；

f. 任意导线开路或相邻导线之间短路；

g. IC_2损坏。

（2）实施条件

串联直流稳压电源：一台；电路板：一块；数字万用表：一块；测试导线：若干。

（3）考核时间

120分钟。

（4）评分标准

见本模块表1-3-2。

9.试题编号：J3-9 信号发生器电路的维修

（1）任务描述

电路为信号发生器电路。现出现不能正常输出正弦波和方波信号现象，试使用提供的仪器设备和元器件，分析判断故障现象和故障位置，并排除故障。电路图如图1-3-9所示。

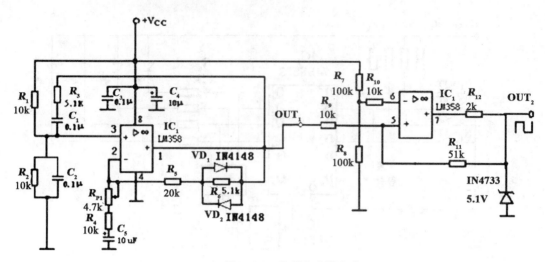

图1-3-9 信号发生器电路

①维修事项

见本模块试题J3-1的维修事项。

②考核故障点

a. R_3开路；

b. R_5开路；

c. C_5短路；

d. R_{P1}损坏；

e. 任意导线开路或相邻导线之间短路。

（2）实施条件

串联直流稳压电源：一台；电路板：一块；毫伏表：一台；数字示波器：一台；数字万用表：一块；测试导线：若干。

（3）考核时间

120分钟。

（4）评分标准

见本模块表1-3-2。

10.试题编号：J3-10 场效应管功率放大电路的维修

（1）任务描述

电路为场效应管功率放大电路。现电路出现音频信号输入不能正常放大的故障现象，试使用提供的仪器设备和元器件，分析判断故障现象和故障位置，并排除故障。电路图如图1-3-10所示。

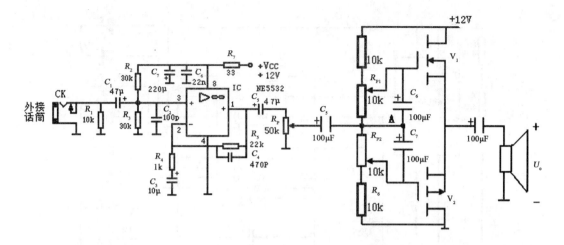

图1-3- 10　场效应管功率放大电路

①维修事项

见本模块试题J3-1的维修事项。

②考核故障点

a. V_1~V_2损坏；

b. R_5损坏；

c. R_3损坏；

d. R_2损坏；

e. R_1损坏；

f. 任意导线开路或相邻导线之间短路。

（2）实施条件

串联直流稳压电源：一台；电路板：一块；毫伏表：一台；数字示波器：一台；信号发生器：一台；数字万用表：一块；测试导线：若干。

（3）考核时间

120分钟。

（4）评分标准

见本模块表1-3-2。

11.试题编号：J3-11　AD转换与显示电路的维修

（1）任务描述

电路为AD转换与显示电路。现出现输入模拟信号转换显示不正常的故障现象，试使用提供的仪器设备和元器件，分析判断故障现象和故障位置，并排除故障。电路图如图1-3-11所示。

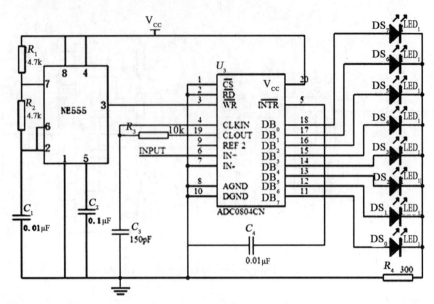

图1-3-11 AD转换与显示电路

①维修事项

见本模块试题J3-1的维修事项。

②考核故障点

a. $D_0 \sim D_7$ 中开路或短路或装反1个；

b. $R_1 \sim R_2$ 损坏；

c. C_1 短路；

d. R_4 开路；

e. 任意导线开路或相邻导线之间短路；

f. 555定时器损坏。

（2）实施条件

串联直流稳压电源：一台；电路板：一块；数字示波器：一台；数字万用表：一块；测试导线：若干。

（3）考核时间

120分钟。

（4）评分标准

见本模块表1-3-2。

12.试题编号：J3-12 简易测频仪的维修

（1）任务描述

电路为测量信号频率的简易测频仪电路。现出现电路不能正常测频故障，试使用提供的仪器设备和元器件，分析判断故障现象和故障位置，并排除故障。电路图如图1-3-12所示。

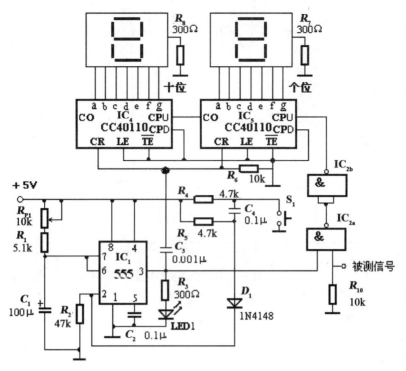

图1-3- 12　简易测频仪电路

①维修事项

见本模块试题J3-1的维修事项。

②考核故障点

a. $R_7 \sim R_8$开路一个；

b. R_1损坏；

c. S_1损坏；

d. D_1开路或短路或接反；

e. R_6损坏；

f. 任意导线开路或相邻导线之间短路。

（2）实施条件

串联直流稳压电源：一台；电路板：一块；数字示波器：一台；数字万用表：一块；测试导线：若干。

（3）考核时间

120分钟。

（4）评分标准

见本模块表1-3-2。

13. 试题编号：J3-13　直流稳压电源的维修

（1）任务描述

电路为正12 V输出的直流稳压电源。现出现电路输出电压不正常故障，试使用提供的仪器设备和元器件，分析判断故障现象和故障位置，并排除故障。电路图如图1-3-13所示。

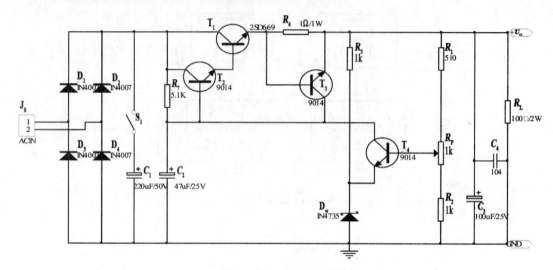

图1-3-13 直流稳压电源

①维修事项

见本模块试题J3-1的维修事项。

②考核故障点

a. T_1 或 T_2 损坏一个；

b. R_3 损坏；

c. R_1 损坏；

d. R_1 损坏；

e. D_W 开路或短路或接反；

f. 任意导线开路或相邻导线之间短路。

（2）实施条件

串联直流稳压电源：一台；电路板：一块；毫伏表：一台；数字示波器：一台；变压器：一台；数字万用表：一块；测试导线：若干。

（3）考核时间

120分钟。

（4）评分标准

见本模块表1-3-2。

14. 试题编号：J3-14 定时器电路的维修

（1）任务描述

电路为定时器电路。当拨动定时开关至相应位置，电路开始定时，数码管显示出定时的时间，挡位分为30秒、60秒定时。现出现定时不正常现象，试使用提供的仪器设备和元器件，分析判断故障现象和故障位置，并排除故障。电路图如图1-3-14所示。

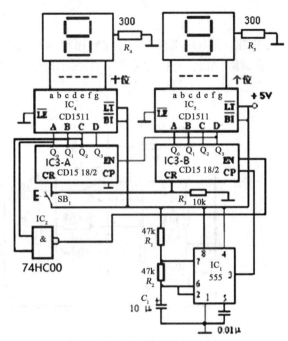

图1-3-14　定时器电路

①维修事项

见本模块试题J3-1的维修事项。

②考核故障点

a. $R_1 \sim R_2$损坏1个；

b. C_1损坏；

c. SB$_1$短路；

d. $R_4 \sim R_5$损坏1个；

e. IC$_2$损坏；

f. 任意导线开路或相邻导线之间短路。

（2）实施条件

串联直流稳压电源：一台；电路板：一块；数字示波器：一台；数字万用表：一块；测试导线：若干。

（3）考核时间

120分钟。

（4）评分标准

见本模块表1-3-2。

15. 试题编号：J3-15　集成功率放大电路的维修

（1）任务描述

电路为集成功率放大电路。现电路出现不能正常输出现象，试使用提供的仪器设备和元器件，分析判断故障现象和故障位置，并排除故障。电路图如图1-3-15所示。

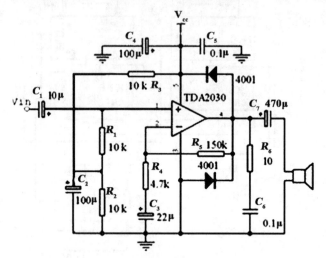

图1-3-15　集成功率放大电路

①维修事项

见本模块试题J3-1的维修事项。

②考核故障点

a. R_1开路；

b. R_2开路或短路；

c. R_3开路或短路；

d. C_1开路或短路；

e. R_5开路或短路；

f. 任意导线开路或相邻导线之间短路。

（2）实施条件

串联直流稳压电源：一台；电路板：一块；毫伏表：一台；数字示波器：一台；信号发生器：一台；数字万用表：一块；测试导线：若干。

（3）考核时间

120分钟

（4）评分标准

见本模块表1-3-2。

16. 试题编号：J3-16　开关稳压电源的维修

（1）任务描述

电路为正5 V输出的开关稳压电源。现出现电路输出电压不正常故障，试使用提供的仪器设备和元器件，分析判断故障现象和故障位置，并排除故障。电路图如图1-3-16所示。

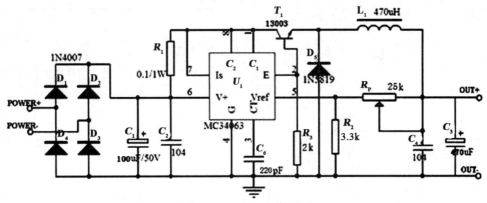

图1-3-16 开关稳压电源

①维修事项

见本模块试题J3-1的维修事项。

②考核故障点

a. R_1或R_2开路；

b. L_1开路；

c. D_5损坏；

e. T_1损坏；

f. $D_1 \sim D_4$损坏；

g. 任意导线开路或相邻导线之间短路。

（2）实施条件

串联直流稳压电源：一台；电路板：一块；毫伏表：一台；数字示波器：一台；变压器：一台；数字万用表：一块；测试导线：若干。

（3）考核时间

120分钟。

（4）评分标准

见本模块表1-3-2。

17.试题编号：J3-17 逻辑笔电路的维修

（1）任务描述

该电路为逻辑笔电路。现电路出现逻辑笔不能正常测试的故障现象，试使用提供的仪器设备和元器件，分析判断故障现象和故障位置，并排除故障。电路图如图1-3-17所示。

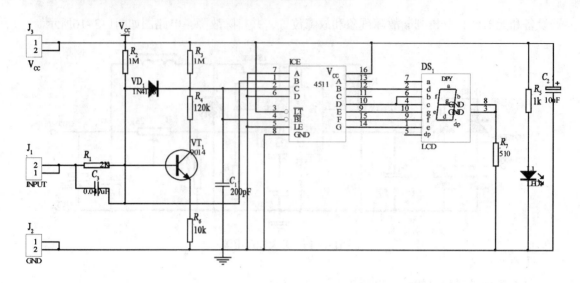

图1-3-17 逻辑笔电路

①维修事项

见本模块试题J3-1的维修事项。

②考核故障点

a. R_6损坏；

b. R_7开路；

c. VT_1损坏；

d. 任意导线开路或相邻导线之间短路；

e. R_1开路。

（2）实施条件

串联直流稳压电源：一台；电路板：一块；数字万用表：一块；测试导线：若干。

（3）考核时间

120分钟。

（4）评分标准

见本模块表1-3-2。

18.试题编号：J3-18 三角波发生器电路的维修

（1）任务描述

电路为三角波发生器电路。现电路出现无法产生波形故障，试使用提供的仪器设备和元器件，分析判断故障现象和故障位置，并排除故障。电路图如图1-3-18所示。

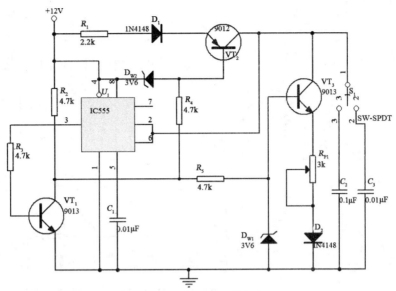

图1-3-18 三角波发生器电路

①维修事项

见本模块试题J3-1的维修事项。

②考核故障点

a. D_{W1}或D_{W2}开路或短路或装反；

b. D_1或D_2开路或装反；

c. $VT_1 \sim VT_3$损坏；

d. R_2损坏；

e. R_4损坏；

f. 任意导线开路或相邻导线之间短路。

（2）实施条件

串联直流稳压电源：一台；电路板：一块；毫伏表：一台；数字示波器：一台；数字万用表：一块；测试导线：若干。

（3）考核时间

120分钟。

（4）评分标准

见本模块表1-3-2。

19.试题编号：J3-19 声光控开关灯的维修

（1）任务描述

电路为利用声音和光亮控制灯的亮灭的实用电路，当有声响或光亮不足时，灯发出亮光。现出现不能正常发光故障，试使用提供的仪器设备和元器件，分析判断故障现象和故障位置，并排除故障。电路图如图1-3-19所示。

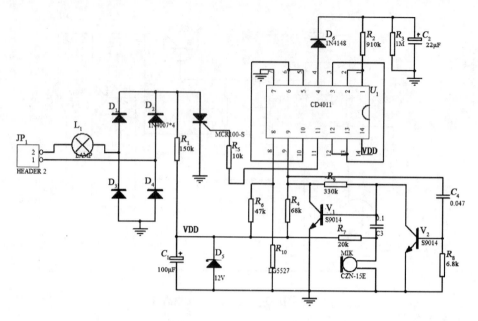

图1-3-19 声光控开关灯

①维修事项

见本模块试题J3-1的维修事项。

②考核故障点

a. D_6开路或短路或装反；

b. R_5开路；

c. R_2开路；

d. 灯泡L_1灯丝断；

e. R_{10}失效；

f. 任意导线开路或相邻导线之间短路。

（2）实施条件

串联直流稳压电源：一台；电路板：一块；毫伏表：一台；数字示波器：一台；数字万用表：一块；测试导线：若干。

（3）考核时间

120分钟。

（4）评分标准

见本模块表1-3-2。

20.试题编号：J3-20 双路防盗报警器电路的维修

（1）任务描述

该电路为双路防盗报警器电路。接通电源K_1、K_2未动作时，无声LED_2亮；当K_1闭合或K_2断开（并延迟数秒）时，会出现两种频率的报警声，LED_1、LED_2闪烁。现电路出现报警不正常现象，试使用提供的仪器设备和元器件，分析判断故障现象和故障位置，并排除故障。电路图如图1-3-20所示。

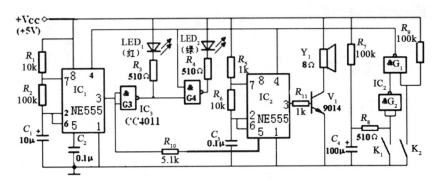

图1-3-20 双路防盗报警器电路

①维修事项

见本模块试题J3-1的维修事项。

②考核故障点

a. LED$_1$、LED$_2$开路或短路或装反；

b. R$_8$开路；

c. R$_1$或R$_3$开路或短路；

d. C$_1$短路；

e. 蜂鸣器损坏；

f. V$_1$损坏；

g. 任意导线开路或相邻导线之间短路。

（2）实施条件

串联直流稳压电源：一台；电路板：一块；数字万用表：一块；测试导线：若干。

（3）考核时间

120分钟。

（4）评分标准

见本模块表1-3-2。

二、岗位核心技能

模块一　PCB版图设计

项目1　单面PCB版图设计

1. 试题编号：H1-1 单片机控制继电器PCB版图设计

（1）任务描述

根据产品原理图参考资料和所给出的技术参数、工作环境和适用范围等指标，按照PCB布局、布线的基本原则，合理的设计出PCB图。

①电路原理图和元器件资料

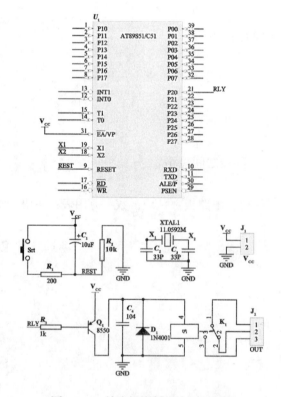

图2-1-1　单片机控制开关灯原理图

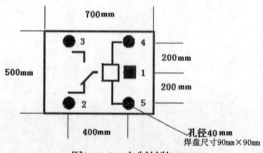

图2-1-2　自制封装JDQ

②元器件参数清单列表

表2-1-1 元器件参数表

序号	元件标号	元件参数	元件在元件库中的名字	元件所在库	封装	封装所在库
1	R_1~R_3		RES2	Miscellaneous Devices	AXIAL-0.3	Miscellaneous Devices
2	C_1	10μF	Cap Pol1	Miscellaneous Devices	EC2/5	考试下发库
3	C_2, C_3, C_4		Cap	Miscellaneous Devices	CC2.5	考试下发库
4	Q_1	8550	2N3906	Miscellaneous Devices	TO-92A	Miscellaneous Devices
5	D_1	1n4001	Diode	Miscellaneous Devices	DO-41	Miscellaneous Devices
6	K_1	DC0-5V	RELAY-SPDT	Miscellaneous Devices	自制封装 JDQ	自制库
7	XTAL		XTAL	Miscellaneous Devices	X1	考试下发库
8	J_1	V_{cc}	Header 2	Miscellaneous Connectors	HDR1X2	Miscellaneous Connectors
9	J_2	OUT	Header 3	Miscellaneous Connectors	POWER SOCK3	考试下发库
10	U_1	AT89S51	8051	考试下发库	DIP-40	考试下发库
11	Srt		SW-PB	Miscellaneous Devices	WD4	考试下发库

③步骤

a. 创建文件夹"D:\考生序号"。

b. 创建项目"考生序号.PrjPCB"。

c. 创建原理图"test.SchDoc",采用A4图纸,捕捉栅格为10,可视栅格为10,电气栅格为4。

d. 创建原理图库文件"test.schlib",新建原理图元件。

e. 创建封装库文件"test.pcblib",新建封装元件。

f. 按照考题所提供的元件列表与电路图完成原理图。

g. 对原理图运行电气规则检查,并排除错误。

h. 创建PCB文件"test.PcbDoc",PCB大小为2 500 mm × 2 000 mm。

i. 将原理图元件导入到PCB中。

j. 设置布线设计规则:

PCB为单面板;

安全间距为10 mm。

要求布线宽度:

V_{cc}为25~35 mm,典型值30 mm;

GND为35~45 mm,典型值40 mm;

其他为15 ~ 25 mm,典型值20 mm。

k. 设置PCB左下角为原点,在PCB两角设计安装定位孔4个,孔内径100 mm,坐标为

（150 mm，150 mm），（2 350 mm，1 850 mm），（150 mm，1 850 mm），（2 350 mm，150 mm）。

l. 按照IPC标准和实用性原则，对PCB进行布局、布线。

m. 对焊盘补泪滴，整理丝印标识，并在PCB上标注年月日和考生号。

n. 对PCB进行DRC校验修正错误。

o. 生成BOM文件，格式为XLS或PDF。

④工艺要求

a. 元件布局应模块化，方便安装、调试，布线规范。

b. PCB应满足电子产品的工艺设计，具有可测试性、可生产性和可维护性。

c.PCB上元器件的选用应保证封装与元器件实物外形轮廓、引脚间距、通孔直径等相符。

d.器件之间的最小间距应满足基本间距要求。

（2）实施条件

台式电脑（2G以上内存，200G以上硬盘，Window XP以上系统）：一台；Altium Designer 2013版本及以上应用软件平台。

（3）考核时间

120分钟。

（4）评分标准

表2-1-2 PCB版图绘制评分细则

考核内容	考核点	配分	评分细则	备注
职业素养与操作规范 20分	平台使用	10	未正确进行电脑开关机，扣5分；不能正确开启设计平台软件扣5分	
	职业行为习惯	10	工位清理，不整洁扣5分/次；未遵守安全规则，扣5分	
操作规范 30分	操作过程规范	30	1. 文件路径错误扣2分。 2. 文件命名错误扣3分。 3. 文件夹中存在无效文档扣5分。 4. ERC校验错误1处扣2分。 5. DRC检查错误1处扣2分。 6. 原理图，PCB元件布局不规范不合理扣3~5分。 7. 丝印不整齐扣1~3分	
作品 50分	原理图	20	1. 未创建 ×.sch 扣1分。 2. 图纸尺寸设置错误扣2分。 3. 自制元件错误扣1~5分。 4. 元件标号、参数、网络标号、设置错误，每处扣1~5分。 5. 连线、节点错误扣1~5分。 6. 未生成网络表扣2分	
	PCB 版图	30	1. 自制封装错误扣1~5分。 2. 板框、尺寸错误，扣2分。 3. 单/双面板设置错误扣3分。 4. 元件调入错误扣1~3分。 5. 布线设置错误扣1~5分。 6. 元件布线遗漏、错误扣1~5分。 7. 未布泪滴扣2分。 8. 元器件清单报表错误1处扣1分	
	时间要求		时间120分钟，每延时1分钟扣5分	
	总分		100分	

2. 试题编号：H1-2 单片机液晶显示PCB版图设计

（1）任务描述

根据产品原理图参考资料及所给出的技术参数、工作环境和适用范围等指标，按照PCB布局、布线的基本原则，合理的设计出PCB图。

①电路原理图和元器件资料

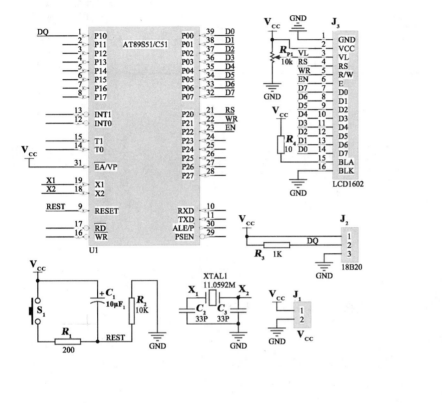

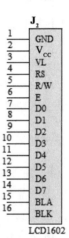

图2-1-3　原理图　　　　　　　　　　图2-1-4　自制元件LCD1602

②元器件参数清单列表

表2-1-3　元器件参数清单列表

序号	元件标号	元件参数	元件在元件库中的名字	元件所在库	封装	封装所在库
1	$R_1 \sim R_4$		RES2	Miscellaneous Devices	AXIAL-0.3	Miscellaneous Devices
2	C_1	10 μF	Cap Pol1	Miscellaneous Devices	EC2/5	考试下发库
3	C_2, C_3		Cap	Miscellaneous Devices	CC2.5	考试下发库
4	XTAL		XTAL	Miscellaneous Devices	X1	考试下发库
5	U_1	AT89S51	8051	考试下发库	DIP-40	考试下发库
6	S_1		SW-PB	考试下发库	WD4	考试下发库
7	J_1	V_{CC}	Header 2	Miscellaneous Connectors	HDR1X2	Miscellaneous Connectors

续表

序号	元件标号	元件参数	元件在元件库中的名字	元件所在库	封装	封装所在库
8	J_2		Header 3	Miscellaneous Connectors	HDR1X3	Miscellaneous Connectors
9	R_{P1}		Rpot	Miscellaneous Devices	DWQ	考试下发库
10	J_3	LCD1602	自制元件 LCD1602	自制库	HDR1X16	Miscellaneous Connectors

③步骤

见试题H1-1。

④工艺要求

见试题H1-1。

（2）实施条件

见试题H1-1。

（3）考核时间

120分钟。

（4）评分标准

见本模块表2-1-2。

3.试题编号：H1-3 直流稳压电源PCB版图设计

（1）任务描述

根据产品原理图参考资料和所给出的技术参数、工作环境和适用范围等指标，按照PCB布局、布线的基本原则，合理的设计出PCB图。

①电路原理图和元器件资料

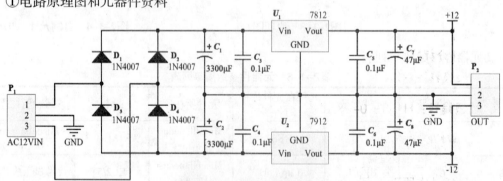

图2-1-5 电源电路原理图

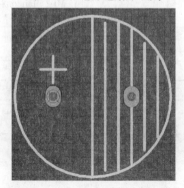

图2-1-6 封装图

绘制封装Cap，焊盘间距300mm，尺寸90mm×90mm，孔径 40mm，外圆直径600mm。

②元器件参数清单列表

表2-1-4 元器件参数清单列表

序号	元件标号	元件参数	元件在元件库中的名字	元件所在库	封装	封装所在库
1	P_1，P_2	ACIN12V，OUT	Header 3	Miscellaneous Connectors	POWER SOCK3	考试下发库
2	D_1~D_4	1n4007	Diode	Miscellaneous Devices	DO-41	Miscellaneous Devices
3	C_1，C_2	3 300 μF	Cap Pol1	Miscellaneous Devices	自制封装Cap	自制库
4	C_7，C_8	47 μF	Cap Pol1	Miscellaneous Devices	EC2/5	考试下发库
5	C_3，C_4，C_5，C_6	0.1 μF	Cap	Miscellaneous Devices	CC2.5	考试下发库
6	U_1	7812	Volt Reg	Miscellaneous Devices	LM78XX	考试下发库
7	U_2	7912	Volt Reg	Miscellaneous Devices	LM79XX	考试下发库

③步骤

见试题H1-1。

④工艺要求

见试题H1-1。

（2）实施条件

见试题H1-1。

（3）考核时间

120分钟。

（4）评分标准

见本模块表2-1-2。

4.试题编号：H1-4 0-9秒表PCB版图设计

（1）任务描述

根据产品原理图参考资料和所给出的技术参数、工作环境和适用范围等指标，按照PCB布局、布线的基本原则，合理的设计出PCB图。

①电路原理图和元器件资料

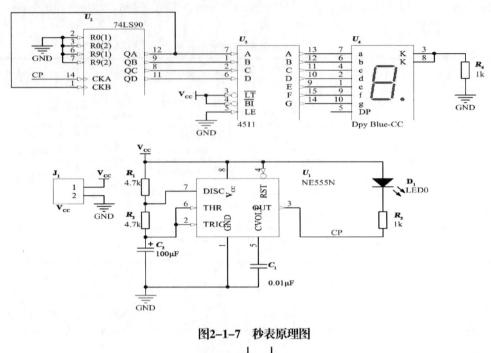

图2-1-7　秒表原理图

图2-1-8　绘制元件NE555NEW（可参考原库中的元件）

②元器件参数清单列表

表2-1-5　元器件参数清单列表

序号	元件标号	元件参数	元件在元件库中的名字	元件所在库	封装	封装所在库
1	J_1	V_{CC}	Header 2	Miscellaneous Connectors	HDR1X2	Miscellaneous Connectors
2	C_1	0.01μF	Cap	Miscellaneous Devices	CC2.5	考试下发库
3	C_2	100μF	Cap Pol1	Miscellaneous Devices	EC2/5	考试下发库
4	R_1~R_4		RES 2	Miscellaneous Devices	AXIAL–0.3	Miscellaneous Devices
5	D_1	LED	LED0	Miscellaneous Devices	LED3.5	考试下发库
6	U_1	NE555	NE555NEW	自制库	DIP–8	Miscellaneous Devices

续表

序号	元件标号	元件参数	元件在元件库中的名字	元件所在库	封装	封装所在库
7	U_2	DM74LS90	74LS90	考试下发库	DIP–14	Miscellaneous Devices
8	U_3	CD4511	4511	考试下发库	DIP–16	Miscellaneous Devices
9	U_4	数码管	Dpy Blue–CC	考试下发库	H	Miscellaneous Devices

③步骤

见试题H1–1。

④工艺要求

见试题H1–1。

（2）实施条件

见试题H1–1。

（3）考核时间

120分钟。

（4）评分标准

见本模块表2–1–2。

5. 试题编号：H1–5　SMT信号发生器PCB版图设计

（1）任务描述

根据产品原理图参考资料和所给出的技术参数、工作环境和适用范围等指标，按照PCB布局、布线的基本原则，合理的设计出PCB图。

①电路原理图和元器件资料

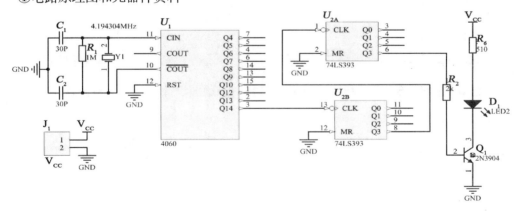

图2–1–9　电路原理图

图2–1–10　将封装SOT23_N1改为SOT23_NEW

②元器件参数清单列表

表2-1-6　元器件参数清单列表

序号	元件标号	元件参数	元件在元件库中的名字	元件所在库	封装	封装所在库
1	$R_1 \sim R_3$		RES2	Miscellaneous Devices	6-0805_M	Miscellaneous Devices
2	C_1, C_2	30P	Cap	Miscellaneous Devices	1608[0603]	Miscellaneous Devices
3	Q_1	9012	2N3904	Miscellaneous Devices	SOT23_NEW	自制库
4	D_1	LED	LED2	Miscellaneous Devices	3.2X1.6X1.1	Miscellaneous Devices
5	U_1	4060	4060	考试下发库	SO-16_M	Miscellaneous Devices
6	U_2	74LS393	74LS393	考试下发库	SO-14_M	考试下发库
7	J_1	V_{CC}	Header 2	Miscellaneous Connectors	HDR1X2	Miscellaneous Connectors
8	Y_1	4.19MHz	XTAL	Miscellaneous Devices	SMB	Miscellaneous Devices

③步骤

见试题H1-1。

④工艺要求

见试题H1-1。

（2）实施条件

见试题H1-1。

（3）考核时间

120分钟。

（4）评分标准

见本模块表2-1-2。

6.试题编号：H1-6　单片机USB-ISP下载板PCB版图设计

（1）任务描述

根据产品原理图参考资料和所给出的技术参数、工作环境和适用范围等指标，按照PCB布局、布线的基本原则，合理的设计出PCB图。

①电路原理图和元器件资料

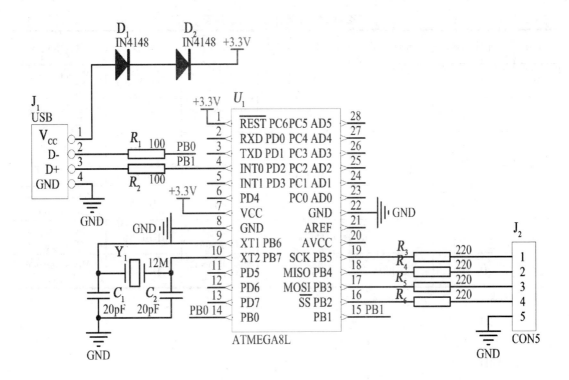

图2-1-11　单片机USB下载线原理图

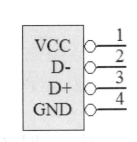

图2-1-12　自制元件USB

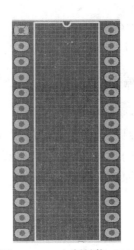

图2-1-13　自制封装DIP28

焊盘尺寸为100 mm×60 mm，孔径40 mm，相邻焊盘上下间距100 mm，左右间距为600 mm。

②元器件参数清单列表

表2-1-7　元器件参数清单列表

序号	元件标号	元件参数	元件在元件库中的名字	元件所在库	封装	封装所在库
1	$R_1 \sim R_6$		RES2	Miscellaneous Devices	AXIAL–0.3	Miscellaneous Devices
2	C_1, C_2		Cap	Miscellaneous Devices	CC2.5	考试下发库
3	XTAL		XTAL	Miscellaneous Devices	X1	考试下发库
4	U_1	MEGA8L	MEGA8L	考试下发库	DIP28	自制库
5	J_1		USB	自制库	HDR1X4	Miscellaneous Connectors
6	J_2		Header 5	Miscellaneous Connectors	HDR1X5	Miscellaneous Connectors
7	$D_1 \sim D_2$	1n4007	Diode	Miscellaneous Devices	DO–41	Miscellaneous Devices

③步骤

见试题H1-1。

④工艺要求

见试题H1-1。

（2）实施条件

见试题H1-1。

（3）考核时间

120分钟。

（4）评分标准

见本模块表2-1-2。

7.试题编号：H1-7　单片机控制LED PCB版图设计

（1）任务描述

根据产品原理图参考资料和所给出的技术参数、工作环境和适用范围等指标，按照PCB布局、布线的基本原则，合理的设计出PCB图。

①电路原理图和元器件资料

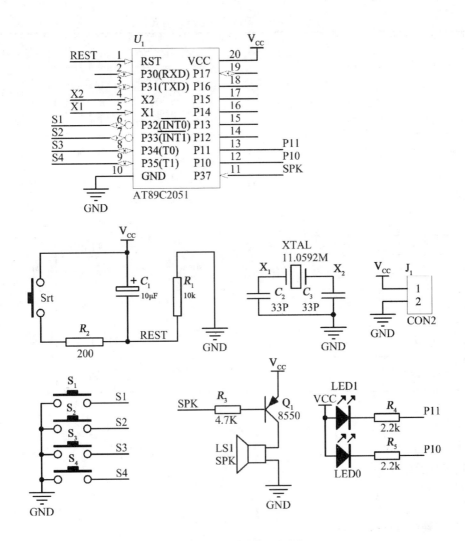

图2-1-14 单片机原理图

图2-1-15 自制封装DIP20

焊盘尺寸为100 mm×60 mm，孔径40 mm，相邻焊盘上下间距100 mm，左右间距为300 mm。

②元器件参数清单列表

表2-1-8 元器件参数清单列表

序号	元件标号	元件参数	元件在元件库中的名字	元件所在库	封装	封装所在库
1	$R_1\sim R_3$		RES2	Miscellaneous Devices	AXIAL–0.3	Miscellaneous Devices
2	C_1	10μF	Cap Pol1	Miscellaneous Devices	EC2/5	考试下发库
3	C_2，C_3		Cap	Miscellaneous Devices	CC2.5	考试下发库
4	XTAL		XTAL	Miscellaneous Devices	X1	考试下发库
5	Srt，$S_1\sim S_4$		SW–PB	Miscellaneous Devices	WD4	考试下发库
6	U_1	AT89C2051	AT89C2051	考试下发库	自制 DIP20	自制库
7	J_1	V_{CC}	Header 2	Miscellaneous Connectors	HDR1X2	Miscellaneous Connectors
8	Q_1	8550	2N3906	Miscellaneous Devices	TO–92A	Miscellaneous Devices
9	D_1，D_2	LED	LED0	Miscellaneous Devices	LED3.5	考试下发库
10	SPEAKER	SPEAKER	SPEAKER	Miscellaneous Devices	SPK	考试下发库

③步骤

见试题H1-1。

④工艺要求

见试题H1-1。

（2）实施条件

见试题H1-1。

（3）考核时间

120分钟。

（4）评分标准

见本模块表2-1-2。

8.试题编号：H1-8 抢答器PCB版图设计

（1）任务描述

根据产品原理图参考资料和所给出的技术参数、工作环境和适用范围等指标，按照PCB布局、布线的基本原则，合理的设计出PCB图。

①电路原理图和元器件资料

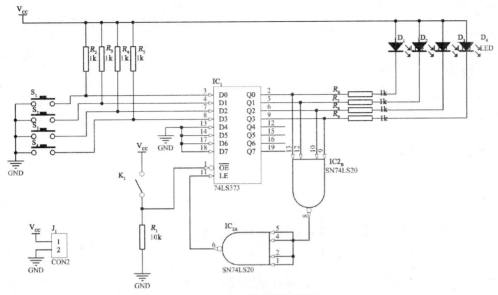

图2-1-16　抢答器原理图

图2-1-17　自制封装DIP20

焊盘尺寸为100 mm×60 mm，孔径40 mm，相邻焊盘上下间距100 mm，左右间距为300 mm。

②元器件参数清单列表

表2-1-9　元器件参数清单列表

序号	元件标号	元件参数	元件在元件库中的名字	元件所在库	封装	封装所在库
1	$R_1 \sim R_9$		RES2	Miscellaneous Devices	AXIAL–0.3	Miscellaneous Devices
2	$S_1 \sim S_4$		SW–PB	Miscellaneous Devices	WD4	考试下发库
3	J_1	V_{CC}	Header 2	Miscellaneous Connectors	HDR1X2	Miscellaneous Connectors
4	$D_1 \sim D_4$	LED		Miscellaneous Devices	LED3.5	考试下发库
5	IC_1	74HC373	74LS373	考试下发库	自制 DIP20	自制库
6	IC_2	74HC20	74LS20	考试下发库	DIP–16	Miscellaneous Devices

③步骤

见试题H1–1。

④工艺要求

见试题H1–1。

（2）实施条件

见试题H1–1。

（3）考核时间

120分钟。

（4）评分标准

见本模块表2–1–2。

9.试题编号：H1–9　三极管放大电路PCB版图设计

（1）任务描述

根据产品原理图参考资料和所给出的技术参数、工作环境和适用范围等指标，按照PCB布局、布线的基本原则，合理的设计出PCB图。

①电路原理图和元器件资料

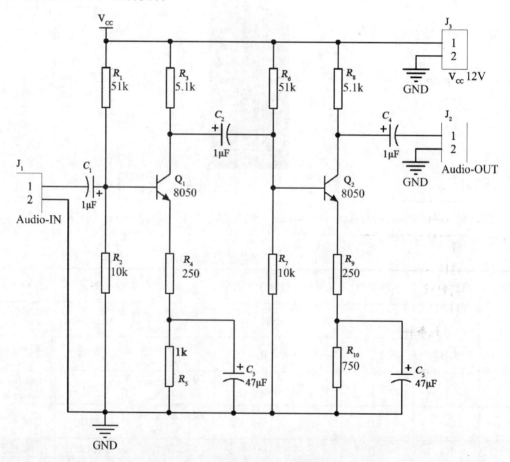

图2–1–18　三极管放大电路原理图

图2-1-19　自制封装

绘制封装Cap，焊盘间距100 mm，尺寸60 mm×80 mm，孔径35 mm，外圆直径200 mm。

②元器件参数清单列表

表2-1-10　元器件参数清单列表

序号	元件标号	元件参数	元件在元件库中的名字	元件所在库	封装	封装所在库
1	R_1~R_{10}		RES2	Miscellaneous Devices	AXIAL-0.3	Miscellaneous Devices
2	C_1，C_2，C_4	1 μF	Cap Pol1	Miscellaneous Devices	EC2/5	考试下发库
3	C_3，C_5	47 μF	Cap	Miscellaneous Devices	自制 Cap	自制库
4	J_1~J_3		Header 2	Miscellaneous Connectors	HDR1X2	Miscellaneous Connectors
5	Q_1~Q_2	8050	2N3904	Miscellaneous Devices	TO-92A	Miscellaneous Devices

③步骤

见试题H1-1。

④工艺要求

见试题H1-1。

（2）实施条件

见试题H1-1。

（3）考核时间

120分钟。

（4）评分标准

见本模块表2-1-2。

10.试题编号：H1-10 多谐振荡器PCB版图设计

（1）任务描述

根据产品原理图参考资料和所给出的技术参数、工作环境和适用范围等指标，按照PCB布局、布线的基本原则，合理的设计出PCB图。

①电路原理图和元器件资料

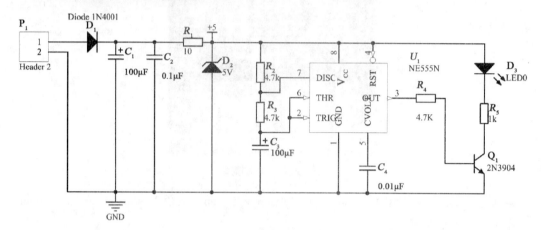

图2-1-20 电路原理图

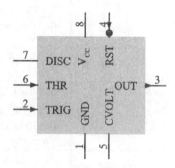

图2-1-21 自制元件

绘制元件NE555NEW，可参考原库中的元件。

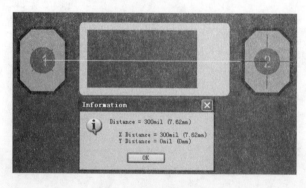

图2-1-22 自制封装

绘制封装 DIODE0.3，焊盘间距300 mm，尺寸60 mm×80 mm，孔径35 mm。

②元器件参数清单列表

表2-1-11 元器件参数清单列表

序号	元件标号	元件参数	元件在元件库中的名字	元件所在库	封装	封装所在库
1	P_1	V_{CC}	Header 2	Miscellaneous Connectors	HDR1X2	Miscellaneous Connectors
2	C_1，C_3	100 μ F	Cap	Miscellaneous Devices	EC2/5	考试下发库
3	C_2，C_4	0.1 μ F，0.01	Cap	Miscellaneous Devices	CC2.5	考试下发库
4	D_1	1N4007	Diode 1N4001	Miscellaneous Devices	新建Diode-0.3	自制库
5	D_2	5 V	D zener	Miscellaneous Devices	新建Diode-0.3	自制库
6	D_3	LED	LED0	Miscellaneous Devices	LED3.5	考试下发库
7	$R_1 \sim R_5$		RES 2	Miscellaneous Devices	AXIAL-0.3	Miscellaneous Devices
8	U_1	NE555	NE555NEW	自制库	DIP-8	Miscellaneous Devices
9	Q_1	8050	2N3904	Miscellaneous Devices	TO-92A	Miscellaneous Devices

③步骤

见试题H1-1。

④工艺要求

见试题H1-1。

（2）实施条件

见试题H1-1。

（3）考核时间

120分钟。

（4）评分标准

见本模块表2-1-2。

11. 试题编号：H1-11 逻辑笔电路PCB版图设计

（1）任务描述

根据产品原理图参考资料和所给出的技术参数、工作环境和适用范围等指标，按照PCB布局、布线的基本原则，合理的设计出PCB图。

①电路原理图和元器件资料

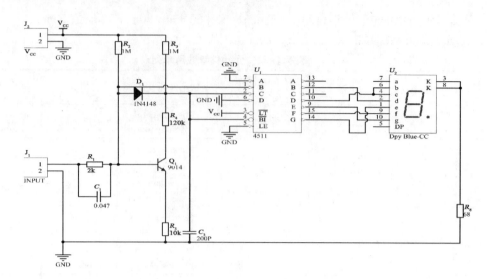

图2-1-23 逻辑笔原理图

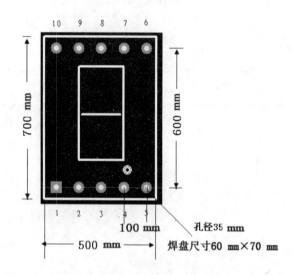

图2-1-24 自制封装7LED1

②元器件参数清单列表

表2-1-12 元器件参数清单列表

序号	元件标号	元件参数	元件在元件库中的名字	元件所在库	封装	封装所在库
1	J_1, J_2		Header 2	Miscellaneous Connectors	HDR1X2	Miscellaneous Connectors
2	C_1, C_3		Cap	Miscellaneous Devices	CC2.5	考试下发库
3	$R_1 \sim R_6$		RES2	Miscellaneous Devices	AXIAL-0.3	Miscellaneous Devices
4	D_1	1N4148	Diode	Miscellaneous Devices	DO-41	Miscellaneous Devices
5	Q_1	9014	2N3904	Miscellaneous Devices	TO-92A	Miscellaneous Devices

续表

序号	元件标号	元件参数	元件在元件库中的名字	元件所在库	封装	封装所在库
6	U_1	CD4511	4511	考试下发库	DIP-16	Miscellaneous Devices
7	U_2	数码管	Dpy Blue-CC	考试下发库	自制封装 7LED1	自制库

③步骤

见试题H1-1。

④工艺要求

见试题H1-1。

（2）实施条件

见试题H1-1。

（3）考核时间

120分钟。

（4）评分标准

见本模块表2-1-2。

12.试题编号：H1-12　直流稳压电源PCB版图设计

（1）任务描述

根据产品原理图参考资料和所给出的技术参数、工作环境和适用范围等指标，按照PCB布局、布线的基本原则，合理的设计出PCB图。

①电路原理图和元器件资料

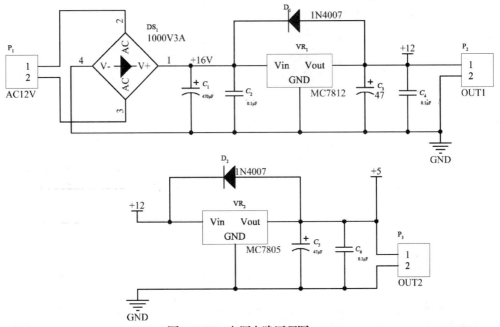

图2-1-25　电源电路原理图

图2-1-26 自制封装

绘制封装Cap，焊盘间距100 mm，尺寸60 mm×80 mm，孔径35 mm，外圆直径200 mm。

②元器件参数清单列表

表2-1-12 元器件参数清单列表

序号	元件标号	元件参数	元件在元件库中的名字	元件所在库	封装	封装所在库
1	P_1, P_2, P_3		Header 2	Miscellaneous Connector	POWER SOCK2	考试下发库
2	C_1	470 μF	Cap Pol1	Miscellaneous Devices	EC5/10	考试下发库
3	C_2, C_4, C_6	0.1 μF	Cap	Miscellaneous Devices	CC2.5	考试下发库
4	C_3, C_5	47 μF	Cap Pol1	Miscellaneous Devices	自制封装 Cap	自制库
5	D_1, D_2	IN4007	Diode 1N4001	Miscellaneous Devices	DO-41	Miscellaneous Devices
6	U_1, U_2	MC7812 MC7805	Volt Reg	Miscellaneous Devices	LM78XX	考试下发库
7	DS_1	1000V3A	BRIDGE3	考试下发库	D-44	考试下发库

③步骤

见试题H1-1。

④工艺要求

见试题H1-1。

（2）实施条件

见试题H1-1。

（3）考核时间

120分钟。

（4）评分标准

见本模块表2-1-2。

13.试题编号：H1-13 振荡器PCB版图设计

（1）任务描述

根据产品原理图参考资料和所给出的技术参数、工作环境和适用范围等指标，按照PCB布局、布线的基本原则，合理的设计出PCB图。

①电路原理图和元器件资料

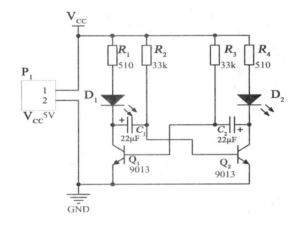

图2-1-27 电路原理图

图2-1-28 自制封装

绘制封装Cap，焊盘间距100 mm，尺寸60 mm×80 mm，孔径35 mm，外圆直径200 mm。

②元器件参数清单列表

表2-1-14　元器件参数表

序号	元件标号	元件参数	元件在元件库中的名字	元件所在库	封装	封装所在库
1	$R_1\sim R_4$		RES2	Miscellaneous Devices	AXIAL-0.3	Miscellaneous Devices
2	C_1，C_2	22μF	Cap Pol1	Miscellaneous Devices	自制 Cap	自制库
3	Q_1，Q_2	9013	2N3904	Miscellaneous Devices	TO-92A	Miscellaneous Devices
4	D_1，D_2	LED	LED0	Miscellaneous Devices	LED3.5	考试下发库
5	P_1	VCC5V	Header 2	Miscellaneous Connectors	HDR1X2	Miscellaneous Connectors

③步骤

见试题H1-1。

④工艺要求

见试题H1-1。

（2）实施条件

见试题H1-1。

（3）考核时间

120分钟。

（4）评分标准

见本模块表2-1-2。

14. 试题编号：H1-14　运放放大电路PCB版图设计

（1）任务描述

根据产品原理图参考资料和所给出的技术参数、工作环境和适用范围等指标，按照PCB布局、布线的基本原则，合理的设计出PCB图。

①电路原理图和元器件资料

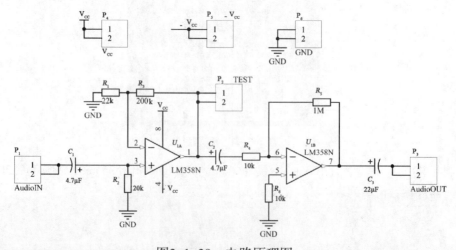

图2-1-29　电路原理图

图2-1-30 自制封装

绘制封装Cap，焊盘间距100 mm，尺寸60 mm×80 mm，孔径35 mm，外圆直径200 mm。

②元器件参数清单列表

表2-1-15 元器件参数清单列表

序号	元件标号	元件参数	元件在元件库中的名字	元件所在库	封装	封装所在库
1	P_1~P_6		Header 2	Miscellaneous Connector	HDR1X2	Miscellaneous Connector
2	C_1, C_2, C_3		Cap	Miscellaneous Devices	自制 Cap	自制库
3	R_1~R_6		RES 2	Miscellaneous Devices	axial-0.3	Miscellaneous Devices
4	U_1	LM358	LM358	考试下发库	DIP-8	Miscellaneous Devices

③步骤

见试题H1-1。

④工艺要求

见试题H1-1。

（2）实施条件

见试题H1-1。

（3）考核时间

120分钟。

（4）评分标准

见本模块表2-1-2。

15. 试题编号：H1-15 运放波形电路PCB版图设计

（1）任务描述

根据产品原理图参考资料和所给出的技术参数、工作环境和适用范围等指标，按照PCB布局、布线的基本原则，合理的设计出PCB图。

①电路原理图和元器件资料

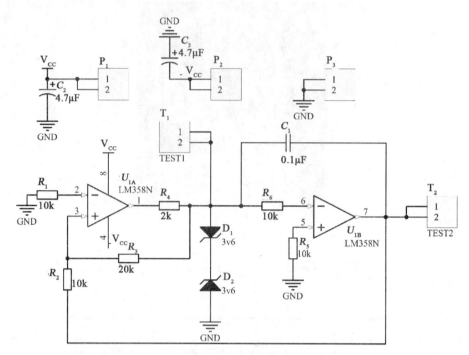

图2-1-31　电路原理图

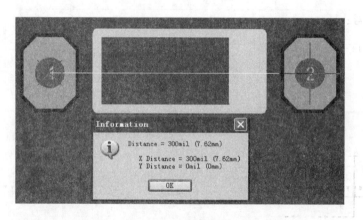

图2-1-32　自制封装

绘制封装 DIODE0.3，焊盘间距300 mm，尺寸60 mm×80 mm，孔径35 mm。

②元器件参数清单列表

表2-1- 16　元器件参数清单列表

序号	元件标号	元件参数	元件在元件库中的名字	元件所在库	封装	封装所在库
1	$P_1 \sim P_3$ T_1，T_2		Header 2	Miscellaneous Connector	HDR1X2	Miscellaneous Connector
2	C_1		Cap	Miscellaneous Devices	RAD0.1	Miscellaneous Connector
3	$C_2 \sim C_3$	4.7μF	Cap	Miscellaneous Devices	EC2/5	考试下发库

续表

序号	元件标号	元件参数	元件在元件库中的名字	元件所在库	封装	封装所在库
4	R_1~R_6		RES 2	Miscellaneous Devices	axial–0.3	Miscellaneous Devices
5	U_1	LM358	LM358	考试下发库	DIP–8	Miscellaneous Devices
6	D_1，D_2	3v6	D zener	Miscellaneous Devices	自制 Diode0.3	自制库

③步骤

见试题H1–1。

④工艺要求

见试题H1–1。

（2）实施条件

见试题H1–1。

（3）考核时间

120分钟。

（4）评分标准

见本模块表2–1–2。

16.试题编号：H1–16　多LED振荡器PCB版图设计

（1）任务描述

根据产品原理图参考资料和所给出的技术参数、工作环境和适用范围等指标，按照PCB布局、布线的基本原则，合理的设计出PCB图。

电路原理图和元器件资料

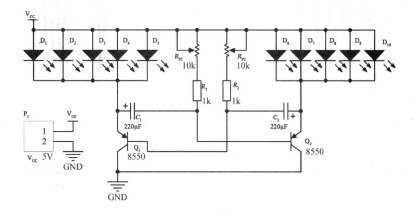

图2–1–33　电路原理图

图2-1-34　自制封装

绘制封装Cap，焊盘间距200 mm，尺寸70 mm×90 mm，孔径40 mm，外圆直径400 mm。

②元器件参数清单列表

表2-1-17　元器件参数清单列表

序号	元件标号	元件参数	元件在元件库中的名字	元件所在库	封装	封装所在库
1	$R_1 \sim R_2$		RES2	Miscellaneous Devices	AXIAL-0.3	Miscellaneous Devices
2	C_1，C_2	$220\mu F$	Cap Pol1	Miscellaneous Devices	自制 Cap	自制库
3	Q_1，Q_2	8550	2N3906	Miscellaneous Devices	TO-92A	Miscellaneous Devices
4	$D_1 \sim D_{10}$	LED	LED0	Miscellaneous Devices	LED3.5	考试下发库
5	P_1	V_{CC}5V	Header 2	Miscellaneous Connectors	HDR1X2	Miscellaneous Connectors
6	R_P	10k	RPot	Miscellaneous Devices	DWQ	Miscellaneous Devices

③步骤

见试题H1-1。

④工艺要求

见试题H1-1。

（2）实施条件

见试题H1-1。

（3）考核时间

120分钟。

（4）评分标准

见本模块表2-1-2。

17.试题编号：H1-17　串联稳压电源PCB版图设计

（1）任务描述

根据产品原理图参考资料和所给出的技术参数、工作环境和适用范围等指标，按照PCB布局、布线的基本原则，合理的设计出PCB图。

①电路原理图和元器件资料

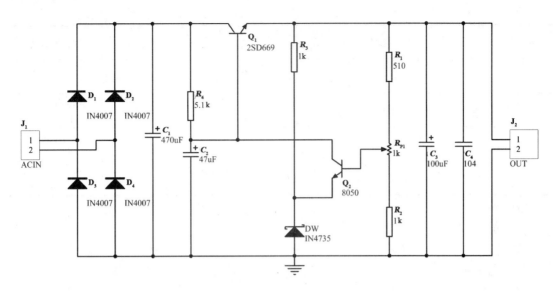

图2-1- 35　电源电路原理图

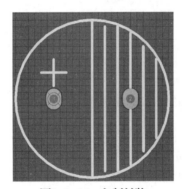

图2-1-36　自制封装

绘制封装Cap，焊盘间距300 mm，尺寸90 mm×90 mm，孔径40 mm，外圆直径 600mm。

②元器件参数清单列表

表2-1-18　元器件参数清单列表

序号	元件标号	元件参数	元件在元件库中的名字	元件所在库	封装	封装所在库
1	J_1，J_2		Header 2	Miscellaneous Connectors	POWER SOCK2	考试下发库
2	D_1~D_4	1n4007	Diode	Miscellaneous Devices	DO-41	Miscellaneous Devices
3	C_1，C_3	470μF，100μF	Cap Pol1	Miscellaneous Devices	EC5/10	考试下发库
4	C_2	47μF	Cap Pol1	Miscellaneous Devices	EC2/5	考试下发库
5	C_4	104	Cap	Miscellaneous Devices	CC2.5	考试下发库
6	R_1~R_4		RES2	Miscellaneous Devices	AXIAL-0.3	Miscellaneous Devices

续表

序号	元件标号	元件参数	元件在元件库中的名字	元件所在库	封装	封装所在库
7	Q_1	2SD669	2N3904	Miscellaneous Devices	TO-220	Miscellaneous Devices
8	Q_2	8050	2N3904	Miscellaneous Devices	TO-92A	Miscellaneous Devices
9	R_{P1}	1k	RPot	Miscellaneous Devices	DWQ	Miscellaneous Devices
10	DW	IN4735	D Schottky	Miscellaneous Devices	DO-41	Miscellaneous Devices

③步骤

见试题H1-1。

④工艺要求

见试题H1-1。

（2）实施条件

见试题H1-1。

（3）考核时间

120分钟。

（4）评分标准

见本模块表2-1-2。

18.试题编号：H1-18　开关电源PCB版图设计

（1）任务描述

根据产品原理图参考资料和所给出的技术参数、工作环境和适用范围等指标，按照PCB布局、布线的基本原则，合理的设计出PCB图。

①电路原理图和元器件资料

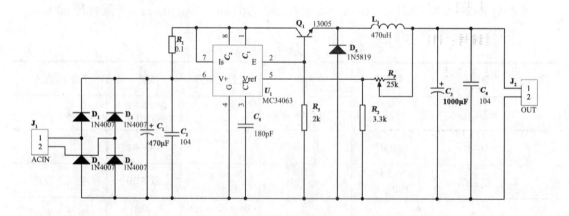

图2-1-37　原理图

②元器件参数清单列表

表2-1-19 元器件参数清单列表

序号	元件标号	元件参数	元件在元件库中的名字	元件所在库	封装	封装所在库
1	J_1，J_2	ACIN，OUT	Header 2	Miscellaneous Connectors	HDR1X2	Miscellaneous Connectors
2	$D_1 \sim D_5$	1N4007 1N5819	Diode	Miscellaneous Devices	DO–41	Miscellaneous Devices
3	C_1，C_3	1000μF 470μF	Cap Pol1	Miscellaneous Devices	EC5/10	考试下发库
4	C_2，C_4，C_5	104 180pF	Cap	Miscellaneous Devices	CC2.5	考试下发库
5	$R_1 \sim R_3$		RES 2	Miscellaneous Devices	AXIAL–0.3	Miscellaneous Devices
6	U_1	MC34063	MC34063	考试下发库	DIP–8	Miscellaneous Devices
7	Q_1	13005	2N3904	Miscellaneous Devices	TO–220–AB	Miscellaneous Devices
8	L_1	470μH	Inductor	Miscellaneous Devices	AXIAL–0.4	Miscellaneous Devices

③步骤

见试题H1-1。

④工艺要求

见试题H1-1。

（2）实施条件

见试题H1-1。

（3）考核时间

120分钟。

（4）评分标准

见本模块表2-1-2。

19.试题编号：H1-19 SMT-多LED振荡器PCB版图设计

（1）任务描述

根据产品原理图参考资料和所给出的技术参数、工作环境和适用范围等指标，按照PCB布局、布线的基本原则，合理的设计出PCB图。

①电路原理图和元器件资料

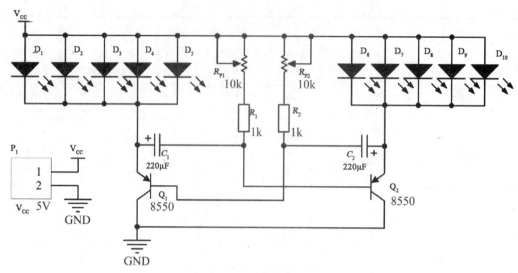

图2-1-38 电路原理图

图2-1-39 自制封装

修改封装引脚号，将封装SOT23_N1改为SOT23_NEW。

②元器件参数清单列表

表2-1-20 元器件参数清单列表

序号	元件标号	元件参数	元件在元件库中的名字	元件所在库	封装	封装所在库
1	R_1，R_2		RES2	Miscellaneous Devices	6-0805_M	Miscellaneous Devices
2	C_1，C_2	220μF	Cap Pol1	Miscellaneous Devices	EC5/10	考试下发库
3	Q_1，Q_2	8550	2N3906	Miscellaneous Devices	自制 SOT23_NEW	自制库
4	D_1~D_{10}	LED	LED0	Miscellaneous Devices	3.2X1.6X1.1	Miscellaneous Devices
5	P_1	VCC5V	Header 2	Miscellaneous Connectors	HDR1X2	Miscellaneous Connectors
6	R_P	10k	RPot	Miscellaneous Devices	DWQ	Miscellaneous Devices

③步骤

见试题H1-1。

④工艺要求

见试题H1-1。

（2）实施条件

见试题H1-1。

（3）考核时间

120分钟。

（4）评分标准

见本模块表2-1-2。

20.试题编号：H1-20　SMT-多谐振荡器PCB版图设计

（1）任务描述

根据产品原理图参考资料和所给出的技术参数、工作环境和适用范围等指标，按照PCB布局、布线的基本原则，合理的设计出PCB图。

①电路原理图和元器件资料

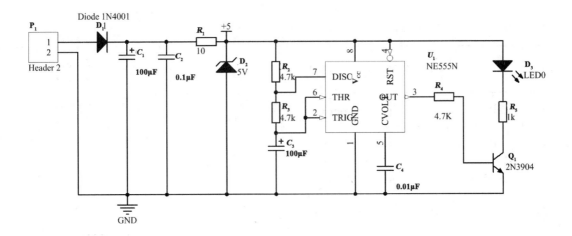

图2-1-40　电路原理图

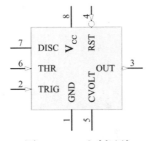

图2-1-41　自制元件

绘制元件NE555NEW，可参考原库中的元件。

图2-1-42 自制封装

修改封装引脚号，将封装SOT23_N1改为SOT23_NEW。

②元器件参数清单列表

表2-1-21 元器件参数清单列表

序号	元件标号	元件参数	元件在元件库中的名字	元件所在库	封装	封装所在库
1	P_1	V_{CC}	Header 2	Miscellaneous Connectors	HDR1X2	Miscellaneous Connectors
2	C_1, C_3	100μF	Cap	Miscellaneous Devices	EC2/5	考试下发库
3	C_2, C_4	0.1μF, 0.01	Cap	Miscellaneous Devices	C0805	Miscellaneous Devices
4	D_1	1N4007	Diode 1N4001	Miscellaneous Devices	3.2X1.6X1.1	Miscellaneous Devices
5	D_2	5V	D zener	Miscellaneous Devices	3.2X1.6X1.1	Miscellaneous Devices
6	D_3	LED	LED0	Miscellaneous Devices	3.2X1.6X1.1	Miscellaneous Devices
7	$R_1{\sim}R_5$		RES 2	Miscellaneous Devices	6-0805_M	Miscellaneous Devices
8	U_1	NE555	NE555NEW	自制库	SO8_M	Miscellaneous Devices
9	Q_1	8050	2N3904	Miscellaneous Devices	自制 SOT23_NEW	自制库

③步骤

见试题H1-1。

④工艺要求

见试题H1-1。

（2）实施条件

见试题H1-1。

（3）考核时间

120分钟。

（4）评分标准

见本模块表2-1-2。

项目2　双面PCB版图设计

21.试题编号：H1-21　555报警器PCB版图设计

（1）任务描述

根据产品原理图参考资料和所给出的技术参数、工作环境和适用范围等指标，按照PCB布局、布线的基本原则，合理的设计出PCB图。

①电路原理图和元器件资料

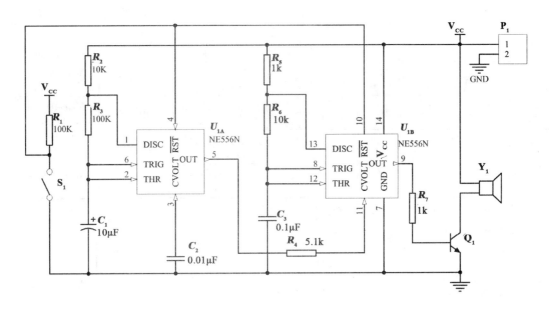

图2-1-43　电路原理图

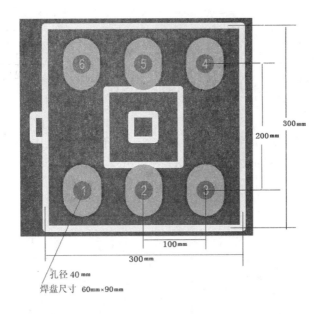

孔径 40 mm
焊盘尺寸　60mm×90mm

图2-1-44　自制封装ZS6

②元器件参数清单列表

表2-1- 23　元器件参数清单列表

序号	元件标号	元件参数	元件在元件库中的名字	元件所在库	封装	封装所在库
1	$R_1 \sim R_7$		RES2	Miscellaneous Devices	AXIAL-0.3	Miscellaneous Devices
2	C_1	$10 \mu F$	Cap Pol1	Miscellaneous Devices	EC2/5	考试下发库
3	C_2，C_3	$0.1 \mu F$，$0.01 \mu F$	Cap	Miscellaneous Devices	CC2.5	考试下发库
4	Y_1		SPEAKER	Miscellaneous Devices	HDR1X2	Miscellaneous Connectors
5	Q_1	8050	2N3904	Miscellaneous Devices	TO-92A	Miscellaneous Devices
6	U_1	NE556	NE556	考试下发库	DIP-14	Miscellaneous Devices
7	S_1		SW-SPST	Miscellaneous Connectors	自制 ZS6	自制
8	P_1		Header 2	Miscellaneous Connectors	HDR1X2	Miscellaneous Connectors

③步骤

见试题H1-1。

④工艺要求

见试题H1-1。

（2）实施条件

见试题H1-1。

（3）考核时间

120分钟。

（4）评分标准

见本模块表2-1-2。

22. 试题编号：H1-22　三角波发生器PCB版图设计

（1）任务描述

根据产品原理图参考资料和所给出的技术参数、工作环境和适用范围等指标，按照PCB布局、布线的基本原则，合理的设计出PCB图。

①电路原理图和元器件资料

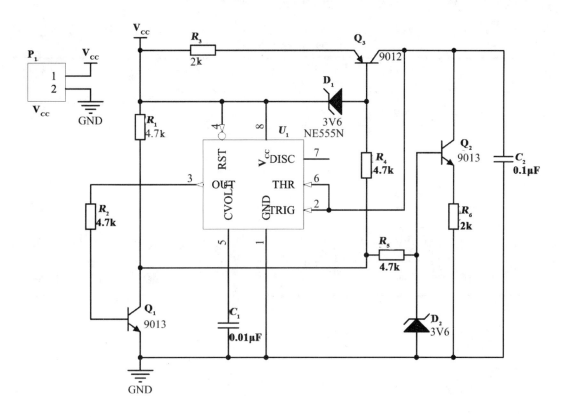

图2-1-45　三角波发生器原理图

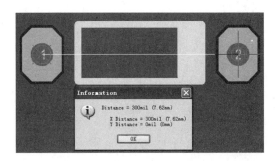

绘制元件NE555NEW，可参考原库中的元件。

图2-1-46　自制元件

自制封装DIODE0.3，焊盘间距300 mm，焊盘尺寸60 mm×80 mm，孔径35 mm。

②元器件参数清单列表

表2-1- 22 元器件参数清单列表

序号	元件标号	元件参数	元件在元件库中的名字	元件所在库	封装	封装所在库
1	P_1	V_{CC}	Header 2	Miscellaneous Connectors	HDR1X2	Miscellaneous Connectors
2	C_1~C_2	103，104	Cap	Miscellaneous Devices	CC2.5	考试下发库
3	R_1~R_6		RES 2	Miscellaneous Devices	AXIAL−0.3	Miscellaneous Devices
4	U_1	NE555	NE555NEW	自制库	DIP−8	Miscellaneous Devices
5	Q_1~Q_3	9012 9013	2N3904 2N3906	Miscellaneous Devices	TO−92A	Miscellaneous Devices
6	D_1，D_2	3v6	D zener	Miscellaneous Devices	新建 Diode0.3	自制库

③步骤

见试题H1-1。

④工艺要求

见试题H1-1。

（2）实施条件

见试题H1-1。

（3）考核时间

120分钟。

（4）评分标准

见本模块表2-1-2。

23.试题编号：H1-23   单片机控制数码管PCB版图设计

（1）任务描述

根据产品原理图参考资料和所给出的技术参数、工作环境和适用范围等指标，按照PCB布局、布线的基本原则，合理的设计出PCB图。

①电路原理图和元器件资料

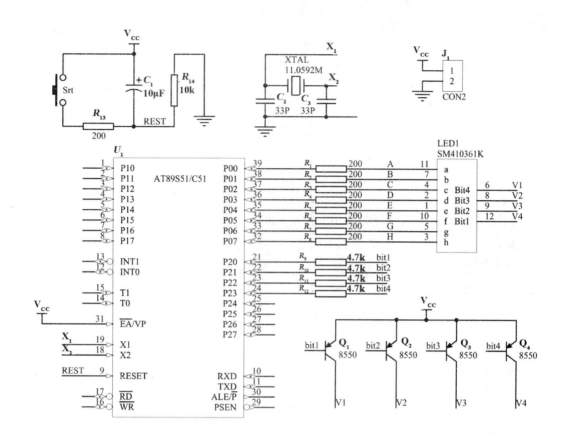

图2-1-27 单片机驱动数码管原理图

②元器件参数清单列表

表2-1-23　元器件参数清单列表

序号	元件标号	元件参数	元件在元件库中的名字	元件所在库	封装	封装所在库
1	$R_1 \sim R_{14}$		RES2	Miscellaneous Devices	AXIAL-0.3	Miscellaneous Devices
2	C_1	$10\mu F$	Cap Pol1	Miscellaneous Devices	EC2/5	考试下发库
3	C_2, C_3		Cap	Miscellaneous Devices	CC2.5	考试下发库
4	XTAL		XTAL	Miscellaneous Devices	X1	考试下发库
5	U_1	AT89S51	8051	考试下发库	DIP-40	考试下发库
6	Srt		SW-PB	Miscellaneous Devices	WD4	考试下发库
7	J_1	V_{CC}	Header 2	Miscellaneous Connectors	HDR1X2	Miscellaneous Connectors
8	$Q_1 \sim Q_4$	8550	2N3906	Miscellaneous Devices	TO-92A	Miscellaneous Devices
9	LED1		自制元件 7LED4	自制库	7LED4	考试下发库

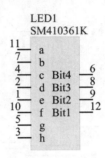

图2-1-48 自制元件

自制元件7LED4（可参考下发库中元件Dpy Blue-CC修改）。

③步骤

见试题H1-1。

④工艺要求

见试题H1-1。

（2）实施条件

见试题H1-1。

（3）考核时间

120分钟。

（4）评分标准

见本模块表2-1-2。

24. 试题编号：H1-24 0-99秒表PCB版图设计

（1）任务描述

根据产品原理图参考资料和所给出的技术参数、工作环境和适用范围等指标，按照PCB布局、布线的基本原则，合理的设计出PCB图。

①电路原理图和元器件资料

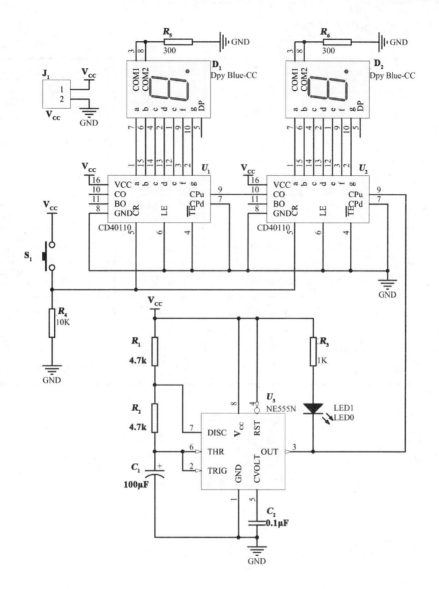

图2-1-49 秒表原理图

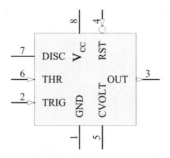

图2-1-50 自制元件

绘制元件NE555NEW，可参考原库中的元件。

②元器件参数清单列表

表2-1-24 元器件参数清单列表

序号	元件标号	元件参数	元件在元件库中的名字	元件所在库	封装	封装所在库
1	J_1		Header 2	Miscellaneous Connectors	HDR1X2	Miscellaneous Connectors
	C_1		Cap Pol1	Miscellaneous Devices	EC5/10	考试下发库
2	C_2		Cap	Miscellaneous Devices	CC2.5	考试下发库
3	$R_1 \sim R_6$		RES2	Miscellaneous Devices	AXIAL-0.3	Miscellaneous Devices
4	U_1, U_2	CD40110	CD40110	考试下发库	DIP-16	Miscellaneous Devices
5	U_3	NE555	NE555NEW	自制库	DIP-8	Miscellaneous Devices
6	D_1, D_2		Dpy Blue-CC	考试下发库	H	Miscellaneous Devices
	S_1		SW-PB	考试下发库	WD4	考试下发库
7	LED_1	LED		Miscellaneous Devices	LED3.5	考试下发库

③步骤

见试题H1-1。

④工艺要求

见试题H1-1。

（2）实施条件

见试题H1-1。

（3）考核时间

120分钟。

（4）评分标准

见本模块表2-1-2。

25. 试题编号：H1-25 信号处理电路（频率计）PCB版图设计

（1）任务描述

根据产品原理图参考资料和所给出的技术参数、工作环境和适用范围等指标，按照PCB布局、布线的基本原则，合理的设计出PCB图。

①电路原理图和元器件资料

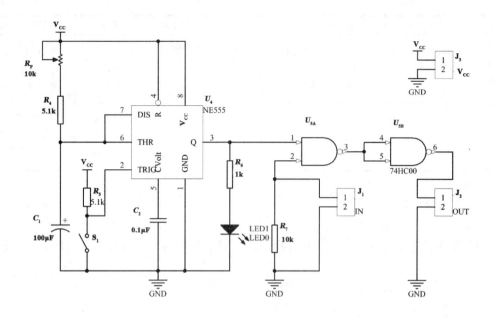

图2-1-51 原理图

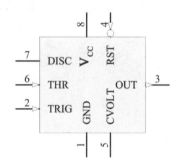

图2-1-52 自制封装

自制元件NE555NEW，可参考原库中的元件。

②元器件参数清单列表

表2-1-25 元器件参数清单列表

序号	元件标号	元件参数	元件在元件库中的名字	元件所在库	封装	封装所在库
1	J_1~J_3		Header 2	Miscellaneous Connectors	HDR1X2	Miscellaneous Connectors
2	C_1	100μF	Cap Pol1	Miscellaneous Devices	EC2/5	考试下发库
3	C_2	0.1μF	Cap	Miscellaneous Devices	CC2.5	考试下发库
4	R_4~R_7		RES 2	Miscellaneous Devices	AXIAL-0.3	Miscellaneous Devices
5	R_P	10k	RPot	Miscellaneous Devices	DWQ	Miscellaneous Devices

续表

序号	元件标号	元件参数	元件在元件库中的名字	元件所在库	封装	封装所在库
6	LED$_1$	LED	LED0	Miscellaneous Devices	LED3.5	考试下发库
7	S$_1$		SW–PB	Miscellaneous Devices	WD4	考试下发库
8	U_4	NE555	NE555NEW	自制库	DIP–8	Miscellaneous Devices
9	U_5	74HC00	74LS00	考试下发库	DIP–14	Miscellaneous Devices

③步骤

a. 创建文件夹"D:\考生序号"。

b. 创建项目"考生序号.PrjPCB"。

c. 创建原理图"test.SchDoc"，采用A4图纸，捕捉栅格为10，可视栅格为10，电气栅格为4。

d. 创建原理图库文件"test.schlib"，新建原理图元件。

e. 创建封装库文件"test.pcblib"，新建封装元件。

f. 按照考题所提供的元件列表与电路图完成原理图。

g. 对原理图运行电气规则检查，并排除错误。

h. 创建PCB文件"test.PcbDoc"，PCB大小为2500 mm×2000 mm。

i. 将原理图元件导入到PCB中。

j. 设置布线设计规则：

PCB为单面板；

安全间距为10 mm。

要求布线宽度：

V$_{CC}$为25~35 mm，典型值30 mm；

GND为35~45 mm，典型值40 mm；

其他为15~25 mm，典型值20 mm。

k. 设置PCB左下角为原点，在PCB两角设计安装定位孔4个，孔内径100 mm，坐标为（150 mm，150 mm），（2 350 mm，1 850 mm），（150 mm，1 850 mm），（2 350 mm，150 mm）。

l. 按照IPC标准和实用性原则，对PCB进行布局、布线。

m. 对焊盘补泪滴，整理丝印标识，并在PCB上标注年月日和考生号。

n. 对PCB进行DRC校验修正错误

o. 生成BOM文件，格式为XLS或PDF。

④工艺要求

见试题H1–1。

（2）实施条件

见试题H1–1。

（3）考核时间

120分钟。

（4）评分标准

见本模块表2-1-2。

26.试题编号：H1-26　计数器（频率计）PCB版图设计

（1）任务描述

根据产品原理图参考资料和所给出的技术参数、工作环境和适用范围等指标，按照PCB布局、布线的基本原则，合理的设计出PCB图。

①电路原理图和元器件资料

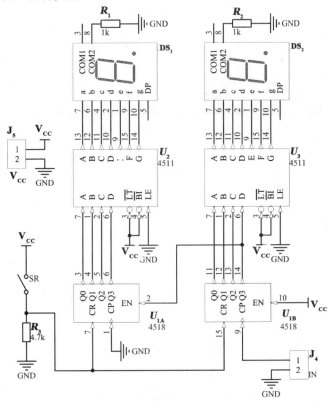

图2-1-53　原理图

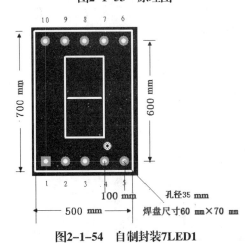

图2-1-54　自制封装7LED1

②元器件参数清单列表

表2-1- 26　元器件参数清单列表

序号	元件标号	元件参数	元件在元件库中的名字	元件所在库	封装	封装所在库
1	J_4，J_5		Header 2	Miscellaneous Connectors	HDR1X2	Miscellaneous Connectors
2	$R_1 \sim R_3$		RES 2	Miscellaneous Devices	AXIAL-0.3	Miscellaneous Devices
3	SR		SW-PB	Miscellaneous Devices	WD4	考试下发库
4	U_2，U_3	CD4511	4511	考试下发库	DIP-16	Miscellaneous Devices
5	U_1	CD4518	4518	考试下发库	DIP-16	Miscellaneous Devices
6	DS_1，DS_2	数码管	Dpy Blue-CC	考试下发库	自制封装 7LED1	自制库

③步骤

见试题H1-1。

④工艺要求

见试题H1-1。

（2）实施条件

见试题H1-1。

（3）考核时间

120分钟。

（4）评分标准

见本模块表2-1-2。

27.试题编号：H1-27　单片机液晶显示PCB版图设计

（1）任务描述

根据产品原理图参考资料和所给出的技术参数、工作环境和适用范围等指标，按照PCB布局、布线的基本原则，合理的设计出PCB图。

①电路原理图和元器件资料

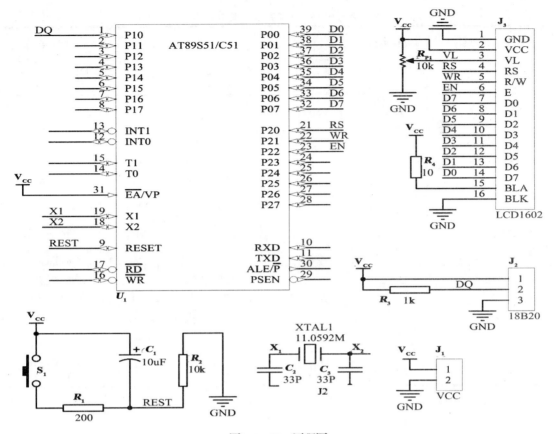

图2-1-55　原理图

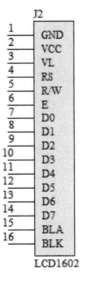

图2-1-56　自制元件LCD1602

②元器件参数清单列表

表2-1-27　元器件参数清单列表

序号	元件标号	元件参数	元件在元件库中的名字	元件所在库	封装	封装所在库
1	$R_1{\sim}R_4$		RES2	Miscellaneous Devices	AXIAL-0.3	Miscellaneous Devices
2	C_1	$10\mu F$	Cap Pol1	Miscellaneous Devices	EC2/5	考试下发库
3	C_2, C_3		Cap	Miscellaneous Devices	CC2.5	考试下发库
4	XTAL		XTAL	Miscellaneous Devices	X1	考试下发库
5	U_1	AT89S51	8051	考试下发库	DIP-40	考试下发库
6	S_1		SW-PB	Miscellaneous Devices	WD4	考试下发库
7	J_1	V_{CC}	Header 2	Miscellaneous Connectors	HDR1X2	Miscellaneous Connectors
8	J_2		Header 3	Miscellaneous Connectors	HDR1X3	Miscellaneous Connectors
9	R_{P1}		Rpot	Miscellaneous Devices	DWQ	考试下发库
10	J_3	LCD1602	自制元件 LCD1602	自制	HDR1X16	Miscellaneous Devices

③步骤

见试题H1-1。

④工艺要求

见试题H1-1。

（2）实施条件

见试题H1-1。

（3）考核时间

120分钟。

（4）评分标准

见本模块表2-1-2。

28.试题编号：H1-28　直流稳压电源PCB版图设计

（1）任务描述

根据产品原理图参考资料和所给出的技术参数、工作环境和适用范围等指标，按照PCB布局、布线的基本原则，合理的设计出PCB图。

①电路原理图和元器件资料

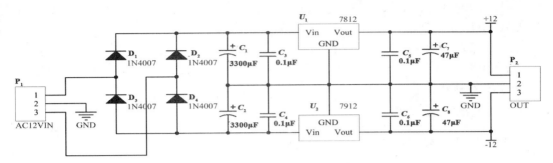

图2-1-57　电源电路原理图

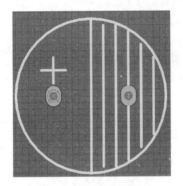

图2-1-58　自制封装

绘制封装Cap，焊盘间距300 mm，尺寸90 mm×90 mm，孔径40 mm，外圆直径600 mm。

②元器件参数清单列表

表2-1-28　元器件参数清单列表

序号	元件标号	元件参数	元件在元件库中的名字	元件所在库	封装	封装所在库
1	P_1，P_2	ACIN12V，OUT	Header 3	Miscellaneous Connectors	POWER SOCK3	考试下发库
2	$D_1 \sim D_4$	1n4007	Diode	Miscellaneous Devices	DO-41	Miscellaneous Devices
3	C_1，C_2	3300μF	Cap Pol1	Miscellaneous Devices	自制封装 Cap	自制库
4	C_7，C_8	47μF	Cap Pol1	Miscellaneous Devices	EC2/5	考试下发库
5	C_3，C_4，C_5，C_6	0.1μF	Cap	Miscellaneous Devices	CC2.5	考试下发库
6	U_1	7812	Volt Reg	Miscellaneous Devices	LM78XX	考试下发库
7	U_2	7912	Volt Reg	Miscellaneous Devices	LM79XX	考试下发库

③步骤

见试题H1-1。

④工艺要求

见试题H1-1。

（2）实施条件

见试题H1-1。

（3）考核时间

120分钟。

（4）评分标准

见本模块表2-1-2。

29.试题编号：H1-29　0-9秒表PCB版图设计

（1）任务描述

根据产品原理图参考资料和所给出的技术参数、工作环境和适用范围等指标，按照PCB布局、布线的基本原则，合理的设计出PCB图。

①电路原理图和元器件资料

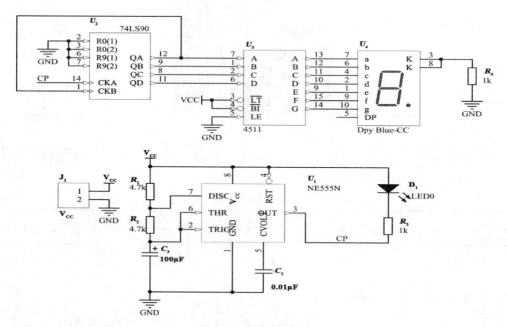

图2-1-59　秒表原理图

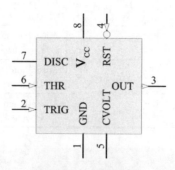

图2-1-60　自制封装

绘制元件NE555NEW，可参考原库中的元件。

②元器件参数清单列表

表2-1-29　元器件参数清单列表

序号	元件标号	元件参数	元件在元件库中的名字	元件所在库	封装	封装所在库
1	J_1	V_{CC}	Header 2	Miscellaneous Connectors	HDR1X2	Miscellaneous Connectors
2	C_1	$0.01\mu F$	Cap	Miscellaneous Devices	CC2.5	考试下发库
3	C_2	$100\mu F$	Cap Pol1	Miscellaneous Devices	EC2/5	考试下发库
4	$R_1 \sim R_4$		RES 2	Miscellaneous Devices	AXIAL-0.3	Miscellaneous Devices
5	D_1	LED	LED0	Miscellaneous Devices	LED3.5	考试下发库
6	U_1	NE555	NE555NEW	自制库	DIP-8	Miscellaneous Devices
7	U_2	DM74LS90	74LS90	考试下发库	DIP-14	Miscellaneous Devices
8	U_3	CD4511	4511	考试下发库	DIP-16	Miscellaneous Devices
9	U_4	数码管	Dpy Blue-CC	考试下发库	H	Miscellaneous Devices

③步骤

见试题H1-1。

④工艺要求

见试题H1-1。

（2）实施条件

见试题H1-1。

（3）考核时间

120分钟。

（4）评分标准

见本模块表2-1-2。

30.试题编号：H1-30　单片机USB-ISP下载板PCB版图设计

（1）任务描述

根据产品原理图参考资料和所给出的技术参数、工作环境和适用范围等指标，按照PCB布局、布线的基本原则，合理的设计出PCB图。

①电路原理图和元器件资料

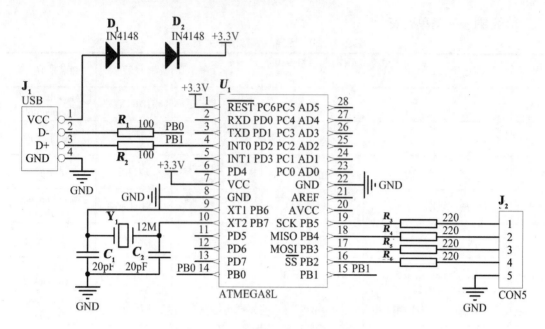

图2-1-61 单片机USB下载线原理图

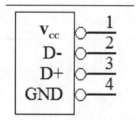

图2-1-62 自制元件USB

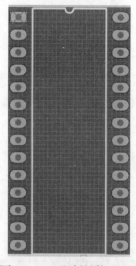

图2-1-63 自制封装DIP28

焊盘尺寸为100 mm×60 mm，孔径40 mm，相邻焊盘上下间距100 mm，左右间距为600 mm。

②元器件参数清单列表

表2-1-30　元器件参数清单列表

序号	元件标号	元件参数	元件在元件库中的名字	元件所在库	封装	封装所在库
1	R_1~R_6		RES2	Miscellaneous Devices	AXIAL-0.3	Miscellaneous Devices
2	C_1, C_2		Cap	Miscellaneous Devices	CC2.5	考试下发库
3	XTAL		XTAL	Miscellaneous Devices	X1	考试下发库
4	U_1	MEGA8L	MEGA8L	考试下发库	DIP28	自制库
5	J_1		USB	自制库	HDR1X4	Miscellaneous Connectors
6	J_2		Header 5	Miscellaneous Connectors	HDR1X5	Miscellaneous Connectors
7	D_1, D_2	1n4007	Diode	Miscellaneous Devices	DO-41	Miscellaneous Devices

③步骤

见试题H1-1。

④工艺要求

见试题H1-1。

（2）实施条件

见试题H1-1。

（3）考核时间

120分钟。

（4）评分标准

见本模块表2-1-2。

31.试题编号：H1-31　抢答器PCB版图设计

（1）任务描述

根据产品原理图参考资料和所给出的技术参数、工作环境和适用范围等指标，按照PCB布局、布线的基本原则，合理的设计出PCB图。

①电路原理图与元器件资料

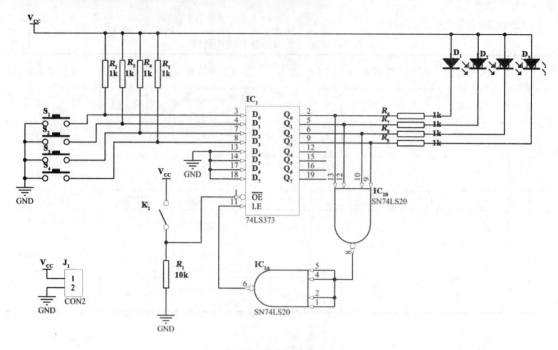

图2-1-64　抢答器原理图

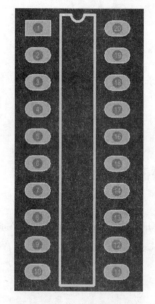

图2-1-65　自制封装DIP20

　　焊盘尺寸为100 mm×60 mm，孔径40 mm，相邻焊盘上下间距100 mm，左右间距为300 mm。

　　②元器件参数清单列表

表2-1-31　元器件参数清单列表

序号	元件标号	元件参数	元件在元件库中的名字	元件所在库	封装	封装所在库
1	R_1~R_{10}		RES2	Miscellaneous Devices	AXIAL–0.3	Miscellaneous Devices
2	C_1，C_2，C_4	1μF	Cap Pol1	Miscellaneous Devices	EC2/5	考试下发库
3	C_3，C_5	47μF	Cap	Miscellaneous Devices	自制 Cap	自制库
4	J_1~J_3		Header 2	Miscellaneous Connectors	HDR1X2	Miscellaneous Connectors
5	Q_1~Q_2	8050	2N3904	Miscellaneous Devices	TO–92A	Miscellaneous Devices

③步骤

见试题H1–1。

④工艺要求

见试题H1–1。

（2）实施条件

见试题H1–1。

（3）考核时间

120分钟。

（4）评分标准

见本模块表2-1-2。

32. 试题编号：H1–32　三极管放大电路PCB版图设计

（1）任务描述

根据产品原理图参考资料和所给出的技术参数、工作环境和适用范围等指标，按照PCB布局、布线的基本原则，合理的设计出PCB图。

①电路原理图和元器件资料

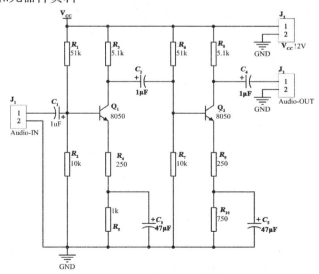

图2-1-66　三极管放大电路原理图

图2-1-67　自制封装

绘制封装Cap，焊盘间距100 mm，尺寸60 mm×80 mm，孔径 35 mm，外圆直径200 mm。

②元器件参数清单列表

表2-1-32　元器件参数清单列表

序号	元件标号	元件参数	元件在元件库中的名字	元件所在库	封装	封装所在库
1	R_1~R_{10}		RES2	Miscellaneous Devices	AXIAL-0.3	Miscellaneous Devices
2	C_1，C_2，C_4	1 μF	Cap Pol1	Miscellaneous Devices	EC2/5	考试下发库
3	C_3，C_5	47 μF	Cap	Miscellaneous Devices	自制 Cap	自制库
4	J_1~J_3		Header 2	Miscellaneous Connectors	HDR1X2	Miscellaneous Connectors
5	Q_1，Q_2	8050	2N3904	Miscellaneous Devices	TO-92A	Miscellaneous Devices

③步骤

见试题H1-1。

④工艺要求

见试题H1-1。

（2）实施条件

见试题H1-1。

（3）考核时间

120分钟。

（4）评分标准

见本模块表2-1-2。

33. 试题编号：H1-33　多谐振荡器PCB版图设计

（1）任务描述

根据产品原理图参考资料和所给出的技术参数、工作环境和适用范围等指标，按照PCB布局、布线的基本原则，合理的设计出PCB图。

①电路原理图和元器件资料

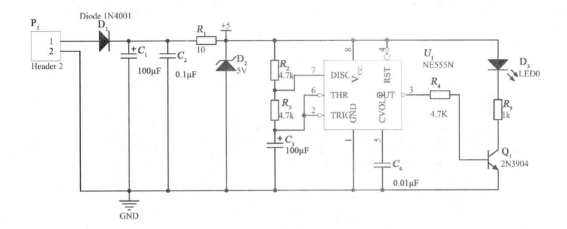

图2-1-68　电路原理图

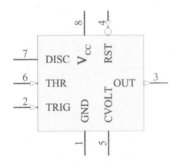

图2-1-69　自制元件

绘制元件NE555NEW，可参考原库中的元件。

图2-1-70　自制封装

绘制封装 DIODE0.3，焊盘间距300 mm，尺寸60 mm×80 mm，孔径35 mm。

②元器件参数清单列表

表2-1-33　元器件参数清单列表

序号	元件标号	元件参数	元件在元件库中的名字	元件所在库	封装	封装所在库
1	P_1	V_{CC}	Header 2	Miscellaneous Connectors	HDR1X2	Miscellaneous Connectors
2	C_1, C_3	100μF	Cap	Miscellaneous Devices	EC2/5	考试下发库
3	C_2, C_4	0.1μF, 0.01	Cap	Miscellaneous Devices	CC2.5	考试下发库
4	D_1	1N4007	Diode 1N4001	Miscellaneous Devices	新建 Diode-0.3	自制库
5	D_2	5V	D zener	Miscellaneous Devices	新建 Diode-0.3	自制库
6	D_3	LED	LED0	Miscellaneous Devices	LED3.5	考试下发库
7	R_1~R_5		RES 2	Miscellaneous Devices	AXIAL-0.3	Miscellaneous Devices
8	U_1	NE555	NE555NEW	自制库	DIP-8	Miscellaneous Devices
9	Q_1	8050	2N3904	Miscellaneous Devices	TO-92A	Miscellaneous Devices

③步骤

见试题H1-1。

④工艺要求

见试题H1-1。

（2）实施条件

见试题H1-1。

（3）考核时间

120分钟。

（4）评分标准

见本模块表2-1-2。

34. 试题编号：H1-34　逻辑笔电路PCB版图设计

（1）任务描述

根据产品原理图参考资料和所给出的技术参数、工作环境和适用范围等指标，按照PCB布局、布线的基本原则，合理的设计出PCB图。

①电路原理图和元器件资料

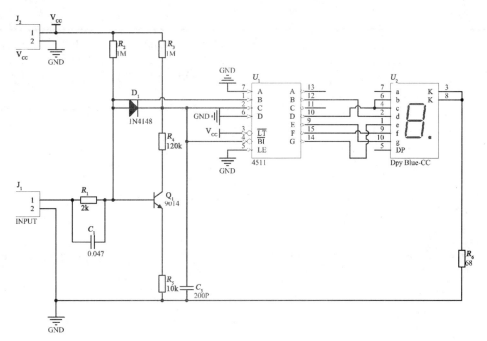

图2-1-71　逻辑笔原理图

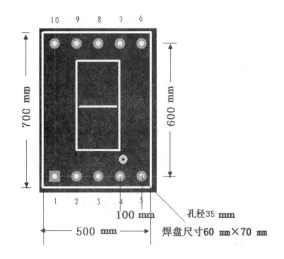

图2-1-72　自制封装7LED1

②元器件参数清单列表

表2-1-34　元器件参数清单列表

序号	元件标号	元件参数	元件在元件库中的名字	元件所在库	封装	封装所在库
1	J_1，J_2		Header 2	Miscellaneous Connectors	HDR1X2	Miscellaneous Connectors
2	C_1，C_3		Cap	Miscellaneous Devices	CC2.5	考试下发库
3	R_1~R_6		RES2	Miscellaneous Devices	AXIAL-0.3	Miscellaneous Devices

续表

序号	元件标号	元件参数	元件在元件库中的名字	元件所在库	封装	封装所在库
4	D_1	1N4148	Diode	Miscellaneous Devices	DO-41	Miscellaneous Devices
5	Q_1	9014	2N3904	Miscellaneous Devices	TO-92A	Miscellaneous Devices
6	U_1	CD4511	4511	考试下发库	DIP-16	Miscellaneous Devices
7	DS_1	数码管	Dpy Blue-CC	考试下发库	自制封装 7LED1	自制库

③步骤

见试题H1-1。

④工艺要求

见试题H1-1。

（2）实施条件

见试题H1-1。

（3）考核时间

120分钟。

（4）评分标准

见本模块表2-1-2。

35. 试题编号：H1-35 直流稳压电源PCB版图设计

（1）任务描述

根据产品原理图参考资料和所给出的技术参数、工作环境和适用范围等指标，按照PCB布局、布线的基本原则，合理的设计出PCB图。

①电路原理图和元器件资料

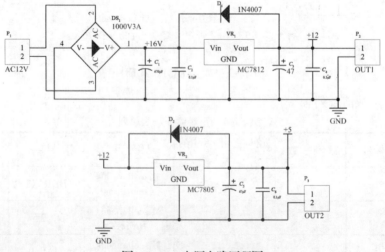

图2-1-33 电源电路原理图

应用电子技术 GJ

图2-1-74　自制封装

绘制封装Cap，焊盘间距100 mm，尺寸60 mm×80 mm，孔径35 mm，外圆直径200 mm。

②元器件参数清单列表

表2-1-35　元器件参数清单列表

序号	元件标号	元件参数	元件在元件库中的名字	元件所在库	封装	封装所在库
1	P_1，P_2，P_3		Header 2	Miscellaneous Connector	POWER SOCK2	考试下发库
2	C_1	470μF	Cap Pol1	Miscellaneous Devices	EC5/10	考试下发库
3	C_2，C_4，C_6	0.1μF	Cap	Miscellaneous Devices	CC2.5	考试下发库
4	C_3，C_5	47μF	Cap Pol1	Miscellaneous Devices	自制封装 Cap	自制库
5	D_1，D_2	IN4007	Diode 1N4001	Miscellaneous Devices	DO-41	Miscellaneous Devices
6	VR_1，VR_2	MC7812 MC7805	Volt Reg	Miscellaneous Devices	LM78XX	考试下发库
7	DS_1	1000V3A	BRIDGE3	考试下发库	D-44	考试下发库

③步骤

见试题H1-1。

④工艺要求

见试题H1-1。

（2）实施条件

见试题H1-1。

（3）考核时间

120分钟。

（4）评分标准

见本模块表2-1-2。

36.试题编号：H1-36　运放放大电路PCB版图设计

（1）任务描述

根据产品原理图参考资料和所给出的技术参数、工作环境和适用范围等指标，按照PCB布局、布线的基本原则，合理的设计出PCB图。

①电路原理图和元器件资料

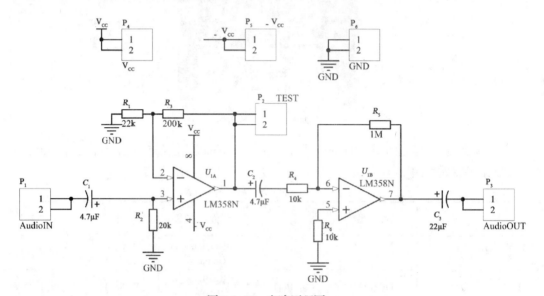

图2-1-75　电路原理图

图2-1-76　自制封装

绘制封装Cap，焊盘间距100 mm，尺寸60 mm×80 mm，孔径35 mm，外圆直径200 mm。

②元器件参数清单列表

表2-1-36 元器件参数清单列表

序号	元件标号	元件参数	元件在元件库中的名字	元件所在库	封装	封装所在库
1	$P_1{\sim}P_6$		Header 2	Miscellaneous Connector	HDR1X2	Miscellaneous Connector
2	C_1, C_2, C_3		Cap	Miscellaneous Devices	自制 Cap	自制库
3	$R_1{\sim}R_6$		RES 2	Miscellaneous Devices	axial–0.3	Miscellaneous Devices
4	U_1	LM358	LM358	考试下发库	DIP–8	Miscellaneous Devices

③步骤

见试题H1-1。

④工艺要求

见试题H1-1。

（2）实施条件

见试题H1-1。

（3）考核时间

120分钟。

（4）评分标准

见本模块表2-1-2。

37.试题编号：H1-37 运放波形电路PCB版图设计

（1）任务描述

根据产品原理图参考资料和所给出的技术参数、工作环境和适用范围等指标，按照PCB布局、布线的基本原则，合理的设计出PCB图。

①电路原理图和元器件资料

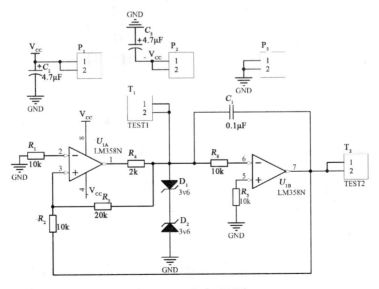

图2-1-77 电路原理图

图2-1-78　自制封装

绘制封装 DIODE0.3，焊盘间距300 mm，尺寸60 mm×80 mm，孔径35 mm。

②元器件参数清单列表

表2-1- 37　元器件参数清单列表

序号	元件标号	元件参数	元件在元件库中的名字	元件所在库	封装	封装所在库
1	元件标号	元件参数	元件在元件库中的名字	元件所在库	封装	封装所在库
2	P_1~P_3 T_1，T_2		Header 2	Miscellaneous Connector	HDR1X2	Miscellaneous Connector
3	C_1		Cap	Miscellaneous Devices	RAD0.1	Miscellaneous Connector
4	C_2~C_3	4.7 μF	Cap	Miscellaneous Devices	EC2/5	考试下发库
5	R_1~R_6		RES 2	Miscellaneous Devices	axial-0.3	Miscellaneous Devices
6	U_1	LM358	LM358	考试下发库	DIP-8	Miscellaneous Devices
7	D_1，D_2	3v6	D zener	Miscellaneous Devices	自制 Diode0.3	自制库

③步骤

见试题H1-1。

④工艺要求

见试题H1-1。

（2）实施条件

见试题H1-1。

（3）考核时间

120分钟。

（4）评分标准

见本模块表2-1-2。

38.试题编号：H1-38 多LED振荡器PCB版图设计

（1）任务描述

根据产品原理图参考资料和所给出的技术参数、工作环境和适用范围等指标，按照PCB布局、布线的基本原则，合理的设计出PCB图。

①电路原理图和元器件资料

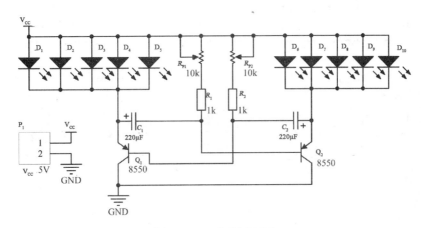

图2-1-79 电路原理图

图2-1-80 自制封装

绘制封装Cap，焊盘间距200 mm，尺寸70 mm×90 mm，孔径40 mm，外圆直径400 mm。

②元器件参数清单列表

表2-1-38 元器件参数清单列表

序号	元件标号	元件参数	元件在元件库中的名字	元件所在库	封装	封装所在库
1	R_1~R_2		RES2	Miscellaneous Devices	AXIAL-0.3	Miscellaneous Devices
2	C_1，C_2	220μF	Cap Pol1	Miscellaneous Devices	Cap	自制库
3	Q_1，Q_2	8550	2N3906	Miscellaneous Devices	TO-92A	Miscellaneous Devices

续表

序号	元件标号	元件参数	元件在元件库中的名字	元件所在库	封装	封装所在库
4	$D_1 \sim D_{10}$	LED	LED0	Miscellaneous Devices	LED3.5	考试下发库
5	P_1	$V_{CC}5V$	Header 2	Miscellaneous Connectors	HDR1X2	Miscellaneous Connectors
6	R_P	10k	RPot	Miscellaneous Devices	DWQ	Miscellaneous Devices

③步骤

见试题H1–1。

④工艺要求

见试题H1–1。

（2）实施条件

见试题H1–1。

（3）考核时间

120分钟。

（4）评分标准

见本模块表2–1–2。

39.试题编号：H1–39 串联稳压电源PCB版图设计

（1）任务描述

根据产品原理图参考资料和所给出的技术参数、工作环境和适用范围等指标，按照PCB布局、布线的基本原则，合理的设计出PCB图。

①电路原理图和元器件资料

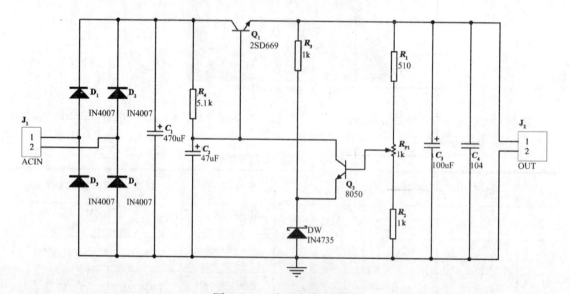

图2–1–81　电源电路原理图

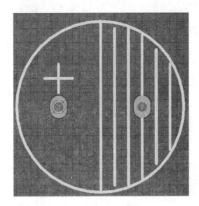

图2-1-82　自制封装

绘制封装Cap，焊盘间距300 mm，尺寸90 mm×90 mm，孔径40 mm，外圆直径600 mm。

②元器件参数清单列表

表2-1-39　元器件参数清单列表

序号	元件标号	元件参数	元件在元件库中的名字	元件所在库	封装	封装所在库
1	J_1，J_2		Header 2	Miscellaneous Connectors	POWER SOCK2	考试下发库
2	D_1~D_4	1N4007	Diode	Miscellaneous Devices	DO-41	Miscellaneous Devices
3	C_1	470μF	Cap Pol1	Miscellaneous Devices	Cap	自制库
4	C_3	100μF	Cap Pol1	Miscellaneous Devices	EC5/10	考试下发库
5	C_2	47μF	Cap Pol1	Miscellaneous Devices	EC2/5	考试下发库
6	C_4	104	Cap	Miscellaneous Devices	CC2.5	考试下发库
7	R_1~R_4		RES2	Miscellaneous Devices	AXIAL-0.3	Miscellaneous Devices
8	Q_1	2SD669	2N3904	Miscellaneous Devices	TO-220	Miscellaneous Devices
9	Q_2	8050	2N3904	Miscellaneous Devices	TO-92A	Miscellaneous Devices
10	R_{P1}	1k	RPot	Miscellaneous Devices	DWQ	Miscellaneous Devices
11	DW	IN4735	D Schottky	Miscellaneous Devices	DO-41	Miscellaneous Devices

③步骤

见试题H1-1。

④工艺要求

见试题H1-1。

（2）实施条件

见试题H1-1。

（3）考核时间

120分钟。

（4）评分标准

见本模块表2-1-2。

40.试题编号：H1-40 开关电源PCB版图设计

（1）任务描述

根据产品原理图参考资料和所给出的技术参数、工作环境和适用范围等指标，按照PCB布局、布线的基本原则，合理的设计出PCB图。

①电路原理图和元器件资料

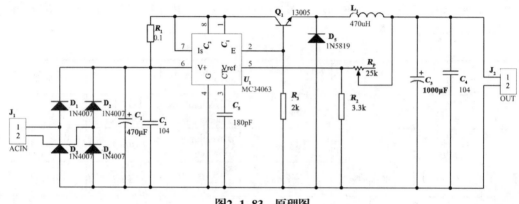

图2-1-83 原理图

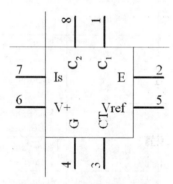

图2-1-84 自制元件MC34063

②元器件参数清单列表

表2-1- 40 元器件参数清单列表

序号	元件标号	元件参数	元件在元件库中的名字	元件所在库	封装	封装所在库
1	J_1，J_2	ACIN，OUT	Header 2	Miscellaneous Connectors	HDR1X2	Miscellaneous Connectors
2	$D_1 \sim D_5$	1N4007 1N5819	Diode	Miscellaneous Devices	DO-41	Miscellaneous Devices

续表

序号	元件标号	元件参数	元件在元件库中的名字	元件所在库	封装	封装所在库
3	C_1，C_3	1000μF 470μF	Cap Pol1	Miscellaneous Devices	EC5/10	考试下发库
4	C_2，C_4，C_5	104pF 180pF	Cap	Miscellaneous Devices	CC2.5	考试下发库
5	$R_1{\sim}R_3$		RES 2	Miscellaneous Devices	AXIAL–0.3	Miscellaneous Devices
6	U_1	MC34063	MC34063	自制库	DIP–8	Miscellaneous Devices
7	Q_1	13005	2N3904	Miscellaneous Devices	TO–220–AB	Miscellaneous Devices
8	L_1	470uH	Inductor	Miscellaneous Devices	AXIAL–0.4	Miscellaneous Devices

③步骤

见试题H1–1。

④工艺要求

见试题H1–1。

（2）实施条件

见试题H1–1。

（3）考核时间

120分钟。

（4）评分标准

见本模块表2–1–2。

模块二　小型电子产品设计与开发

1. 试题编号：H2–1　基于单片机的雨水检测报警装置设计与制作

（1）任务描述

某企业承担了雨水检测报警装置的开发任务，装置原理如图2–2–1所示，没有雨水时，雨水检测模块的DO口输出高电平；当雨水传感器检测到雨水时，雨水检测模块的DO口输出低电平。装置功能设计要求如下：当雨水传感器检测到雨水时，开启声光报警（LED1亮、蜂鸣器发声）；没有雨水时，声光报警停止。

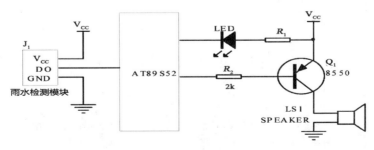

图2–2–1　硬件参考图

①硬件设计与制作

a. 请将参考电路图的蜂鸣器驱动电路更改为NPN型三极管驱动电路，并标注在图上（在答题纸上作答）。

b.按照任务要求，正确选择单片机端口，并将外围接口功能电路与单片机连接的端口标注在电路图上（在答题纸上作答）。

c.仔细对照电路原理图，选择合适元件，在万能板上完成单片机外围接口电路的焊接，并通过杜邦线将焊接的接口电路与考试提供的单片机学习开发板连接起来，完成硬件电路设计。

②软件程序流程设计

画出程序流程图（在答题纸上作答）。

③软件编写与调试

a.在提供的计算机的E盘上，以本人准考证号为名新建一个文件夹，并在此文件夹中建立以准考证号为名的项目文件，开始进行软件设计。

b.程序编写完毕后，生成HEX或BIN文件，并通过在线编程写入单片机。

c.实现软硬件调试。

④产品展示与成果上交

产品完成后，展示产品功能，并按要求上交产品、试卷及软件编写与调试过程产生的所有文件。

（2）实施条件

直流稳压电源：一台；数字万用表：一块；台式电脑：一台；单片机实验开发板：一套；测试导线：若干。

a.考试用单片机为STC89C52/AT89S52，下载软件为progisp1.72\STC_ISP_V480。

b.考场提供Keil uVision2、Keil uVision4、WAVE 6000三款单片机开发软件。

c.单片机学习开发板所需电源为5V直流电压，单片机小系统供电可用下载器提供的5VUSB电源。外围接口电路的电源根据电路电压和功率，可选用考场提供的可调直流稳压电源或单片机学习开发板上提供的5V电源。

（3）考核时间

120分钟。

（4）评分标准

表2-2-1　软件设计评分细则

评价内容	考核点	配分	评分细则	备注
职业素养（20分）	工作前准备	10	做好装配前准备。不进行清点电路图、仪表、工具、材料等操作扣5分，摆放不整齐扣2分	出现明显失误造成元件或仪表、设备损坏等安全事故或严重违反考场纪律，造成恶劣影响的本大项记0分
	职业素养6S考核	10	测试过程仪表、导线摆放凌乱，测试结束后工位清理、不整洁扣5分/次；未遵守安全规则，扣5分	
操作规范（30分）	产品设计规范	5	分析功能需求，确定软件功能模块图，模块图每错、漏1处扣1分	
		5	要求流程图无逻辑错误、可行，每错误1处扣1分	

续表

评价内容	考核点	配分	评分细则	备注
作品（50分）	产品装调操作规范	10	元件选择、成型、插装、焊接不符合规范，1次扣1分，出现严重错误造成工具、设备损坏扣5分	
		10	能利用Keil编程环境建立工程和程序文件、设置编程环境、编译调试程序，每错1处扣2分	
	功能分析	5	无软件功能模块图扣5分	
	流程图	5	无软件流程图扣5分，软件流程图每缺1部分扣2分	
	程序清单	10	无程序清单扣10分，程序编辑不规范扣1~5分	
	测试报告	5	无测试报告扣5分，测试报告每错、漏1处扣2分	
	功能指标	25	不能实现设计要求功能扣1~25分	
时间要求			时间120分钟，每延时1分钟扣5分	
总分			100分	

2. 试题编号：H2-2基于单片机的彩灯装置设计与制作

（1）任务描述

某企业承担了彩灯装置的开发任务，功能要求如下：按下S_1键，8只LED小灯以1Hz频率闪烁；按下S_2键，8只LED小灯奇偶交替点亮，间隔0.5s；按下S_3键，D_1~D_4与D_5~D_8灯交替点亮，间隔0.5s；按下S_4键熄灭所有灯。请考生按下列要求完成任务。

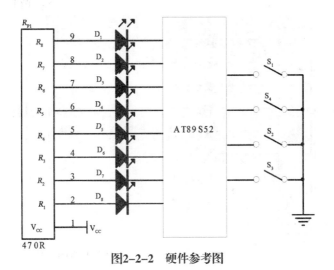

图2-2-2 硬件参考图

①硬件设计与制作

a.请将参考电路图的发光二极管排阻限流电路改为8个电阻限流电路，并标注在图上（在答题纸上作答）。

b.按照任务要求，正确选择单片机端口，并将外围接口功能电路（发光二极管与按键）与单片机连接的端口标注在电路图上（在答题纸上作答）。

c.仔细对照电路原理图，选择合适元件，在万能板上完成单片机外围接口电路（发光二极管与按键）的焊接，并通过杜邦线将焊接的接口电路与考试提供的单片机学习开发板连接起来，完成硬件电路设计。

②软件程序流程设计

画出程序流程图（在答题纸上作答）。

③软件编写与调试

见试题H2-1。

④产品展示与成果上交

见试题H2-1。

（2）实施条件

见试题H2-1。

（3）考核时间

120分钟。

（4）评分标准

见本模块表2-2-1。

3. 试题编号：H2-3单片机控制系统的设计与制作

（1）任务描述

某企业承担了彩灯装置的开发任务，功能要求如下：按下S_1键$D_1\sim D_4$点亮， $D_5\sim D_8$熄灭；按下S_2键$D_1\sim D_4$熄灭， $D_5\sim D_8$点亮；按下S_3键$D_1\sim D_8$全亮；按下S_4键$D_1\sim D_8$全灭。请考生按下列要求完成任务。

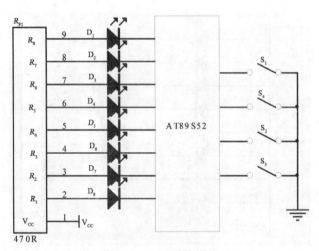

图2-2-3　硬件参考图

①硬件设计与制作

见试题H2-1。

②软件程序流程设计

画出程序流程图（在答题纸上作答）。

③软件编写与调试

见试题H2-1。

④产品展示与成果上交

见试题H2-1。

（2）实施条件

见试题H2-1。

（3）考核时间

120分钟。

（4）评分标准

见本模块表2-2-1。

4.试题编号：H2-4单片机控制系统的设计与制作

（1）任务描述

某企业承担电气控制系统的设计与制作任务，需要使用单片机实现如下功能：当按下1号键时计数值加1，计数值为9时加操作无效；按下2号键时计数值减1，计数值为0时减操作无效；计数结果显示在数码管上。请考生按下列要求完成任务。

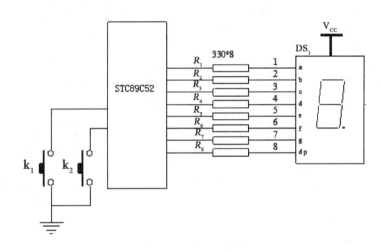

图2-2-4 硬件参考图

①硬件设计与制作

a.请将参考电路图的数码管的8个限流电阻改为接一个公共限流电阻，并标注在图上（在答题纸上作答）。

b.按照任务要求，正确选择单片机端口，并将外围接口功能电路（发光二极管与按键）与单片机连接的端口标注在电路图上（在答题纸上作答）。

c.仔细对照电路原理图，选择合适元件，在万能板上完成单片机外围接口电路（发光二极管与按键）的焊接，并通过杜邦线将焊接的接口电路与考试提供的单片机学习开发板连接起来，完成硬件电路设计。

②软件程序流程设计

画出程序流程图（在答题纸上作答）。

③软件编写与调试

见试题H2-1。

④产品展示与成果上交

见试题H2-1。

（2）实施条件

见试题H2-1。

（3）考核时间

120分钟。

（4）评分标准

见本模块表2-2-1。

5. 试题编号：H2-5　单片机控制系统的设计与制作

（1）任务描述

某企业承担用单片机实现汽车运行振动报警装置的设计与制作任务，装置原理如图2-2-5所示，没有振动时，振动检测模块DO输出高电平，当检测到振动时，模块DO输出低电平。装置功能设计要求如下：检测到振动时，指示灯LED点亮，蜂鸣器报警开启；振动停止时，指示灯LED熄灭，蜂鸣器报警停止。请考生按下列要求完成任务。

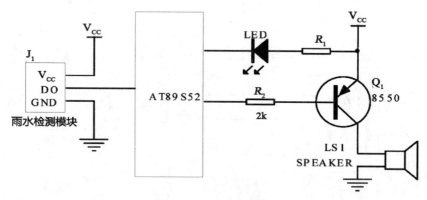

图2-2-5　硬件参考图

①硬件设计与制作

见试题H2-1。

②软件程序流程设计

画出程序流程图（在答题纸上作答）。

③软件编写与调试

见试题H2-1。

④产品展示与成果上交

见试题H2-1。

（2）实施条件

见试题H2-1。

（3）考核时间

120分钟。

（4）评分标准

见本模块表2-2-1。

6.试题编号：H2-6　单片机控制系统的设计与制作

（1）任务描述

某企业承担了为环保部门开发设计噪音检测装置的任务，装置原理如图2-2-6所示，声音检测模块在环境声音正常情况下DO输出高电平，当外界环境声音强度超标，模块DO输出低电平。装置功能设计要求如下：当外界环境声音强度超标时，开启声光报警（LED亮、蜂鸣器发声）；当外界环境声音强度恢复正常时声光报警停止。请考生按下列要求完成任务。

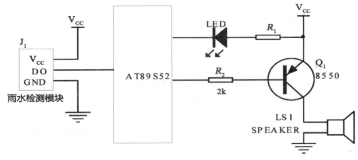

图2-2-6　硬件参考图

①硬件设计与制作

见试题H2-1。

②软件程序流程设计

画出程序流程图（在答题纸上作答）。

③软件编写与调试

见试题H2-1。

④产品展示与成果上交

见试题H2-1。

（2）实施条件

见试题H2-1。

（3）考核时间

120分钟。

（4）评分标准

见本模块表2-2-1。

7.试题编号：H2-7　单片机控制系统的设计与制作

（1）任务描述

某企业承担用单片机实现水位自动控制装置的设计与制作任务，装置原理如图2-2-7所示，功能设计要求如下：S_1、S_2键分别模拟水位的上限和下限位置，当S_1键按下时，表示水位已达下限位置，电动M_1自动启动；当S_2键按下时，表示水位已达上限位置，电动M_1自动停止。请考生按下列要求完成任务。

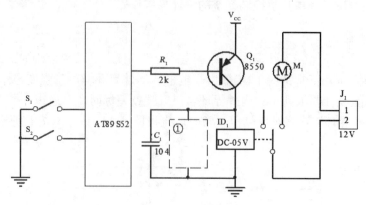

图2-2-7 硬件参考图

①硬件设计与制作

a.请将参考电路图的继电器驱动电路更改为NPN型三极管驱动电路，并标注在图上（在答题纸上作答）。

b.按照任务要求，正确选择单片机端口，并将外围接口功能电路与单片机连接的端口标注在电路图上（在答题纸上作答）。

c.仔细对照电路原理图，选择合适元件，在万能板上完成单片机外围接口电路的焊接，并通过杜邦线将焊接的接口电路与考试提供的单片机学习开发板连接起来，完成硬件电路设计。

②软件程序流程设计

画出程序流程图（在答题纸上作答）。

③软件编写与调试

见试题H2-1。

④产品展示与成果上交

见试题H2-1。

（2）实施条件

见试题H2-1。

（3）考核时间

120分钟。

（4）评分标准

见本模块表2-2-1。

8.试题编号：H2-8 单片机控制系统的设计与制作

（1）任务描述

某企业承担生产线货物自动计数系统的电气控制系统的设计与制作任务，参考电路如图2-2-8所示。当自动检测开关SW_1检测到有工件通过时，马上闭合，然后断开，请利用这一特点实现自动流水线货物（SW_1接通次数）计数（0~9）设计，并用数码管显示计数量。

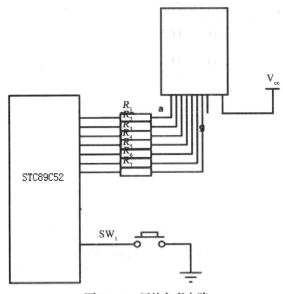

图2-2-8　硬件参考电路

①硬件设计与制作

a. 已知LED发光二极管的驱动电流为10mA，正向压降为2V，估算其限流电阻*R*的取值（在答题纸上作答）。

b. 按照任务要求，正确选择单片机端口，并将外围接口功能电路板与单片机连接的端口标注在电路图上（在答题纸上作答）。

c. 仔细对照电路原理图，选择合适元件，在万能板上完成单片机外围接口电路的焊接，并通过杜邦线将焊接的接口电路与考试提供的单片机学习开发板连接起来，完成硬件电路设计。

②软件程序流程设计

画出程序流程图（在答题纸上作答）。

③软件编写与调试

见试题H2-1。

④产品展示与成果上交

见试题H2-1。

（2）实施条件

见试题H2-1。

（3）考核时间

120分钟。

（4）评分标准

见本模块表2-2-1。

9.试题编号：H2-9　单片机控制系统的设计与制作

（1）任务描述

某企业承担用单片机实现汽车运行振动检测装置的设计与制作任务，装置原理如图2-2-9所示，没有振动时，振动检测模块DO输出高电平，当检测到振动时，模块DO输出低电平。装置功能设计要求如下：检测到振动时，绿色指示灯LED$_1$点亮，红色指示灯LED$_2$熄灭；振动停止时，红色指示灯LED$_2$点亮，绿色指示灯LED$_1$熄灭。请考生按下列要求完成任务。

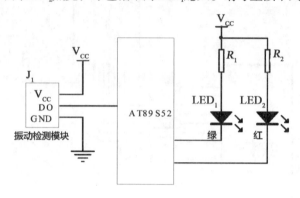

图2-2-9 硬件参考图

①硬件设计与制作

a.LED发光二极管的驱动电流为10 mA，正向压降为2 V，确定电阻R_1/R_2的阻值大小（在答题纸上作答）。

b.按照任务要求，正确选择单片机端口，并将外围接口功能电路与单片机连接的端口标注在电路图上（在答题纸上作答）。

c.仔细对照电路原理图，选择合适元件，在万能板上完成单片机外围接口电路的焊接，并通过杜邦线将焊接的接口电路与考试提供的单片机学习开发板连接起来，完成硬件电路设计。

②软件程序流程设计

画出程序流程图（在答题纸上作答）。

③软件编写与调试

见试题H2-1。

④产品展示与成果上交

见试题H2-1。

（2）实施条件

见试题H2-1。

（3）考核时间

120分钟。

（4）评分标准

见本模块表2-2-1。

10.试题编号：H2-10 单片机控制系统的设计与制作

（1）任务描述

某企业承担自动升降装置的设计与制作任务，装置原理如图2-2-10所示，功能设计要求如下：当S$_1$键按下时，电机正转，装置实现上升功能；当S$_2$键按下时，电机反转，装置实现下降功能；当S$_3$键按下时，电机停止。请考生按下列要求完成任务。

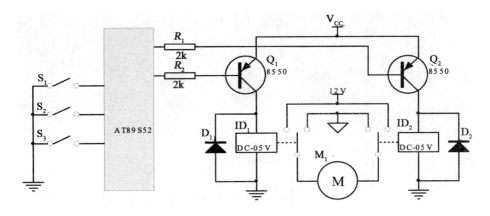

图2-2-10　硬件参考图

①硬件设计与制作

见试题H2-7。

②软件程序流程设计

画出程序流程图（在答题纸上作答）。

③软件编写与调试

见试题H2-1。

④产品展示与成果上交

见试题H2-1。

（2）实施条件

见试题H2-1。

（3）考核时间

120分钟。

（4）评分标准

见本模块表2-2-1。

11. 试题编号：H2-11　单片机控制系统的设计与制作

（1）任务描述

某企业承担了一个计数指示器的设计项目，产品的功能要求为：发光二极管的排布如图2-2-11所示，每按一次SW₁键，向左增加点亮一个灯，3个全亮后，再按一次按键，发光二极管全灭。之后再按键，继续上述动作过程。

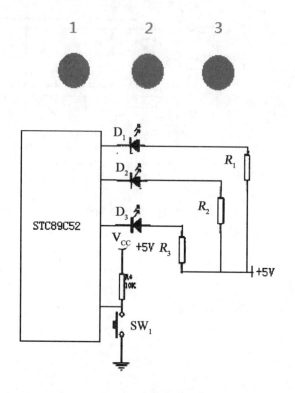

图2-2-11 计数指示器原理图

①硬件设计与制作

a. 已知发光二极管D_1的驱动电流为10 mA，正向压降为2 V，估算出连接发光二极管电阻R_1的取值，并标注在电路图上（在答题纸上作答）。

b. 按照任务要求，正确选择单片机端口，并将外围接口功能电路板与单片机连接的端口标注在电路图上（在答题纸上作答）。

c. 仔细对照电路原理图，选择合适元件，在万能板上完成单片机外围接口电路的焊接，并通过杜邦线将焊接的接口电路与考试提供的单片机学习开发板连接起来，完成硬件电路设计。

②软件程序流程设计

画出程序流程图（在答题纸上作答）。

③软件编写与调试

见试题H2-1。

④产品展示与成果上交

见试题H2-1。

（2）实施条件

见试题H2-1。

（3）考核时间

120分钟。

（4）评分标准

见本模块表2-2-1。

12. 试题编号：H2-12　单片机控制系统的设计与制作

（1）任务描述

某企业承担一个路口交通方向指示灯的设计与制作任务，产品的设计要求是：路口方向交通指示灯为3个一组，按下启动开关后，每组发光二极管流水点亮，指示向右的方向，即：1，12，123，1，…如此循环，时间间隔为1s（不需要精确计时）。交通方向指示灯实物图和电路原理图如图2-2-12所示。

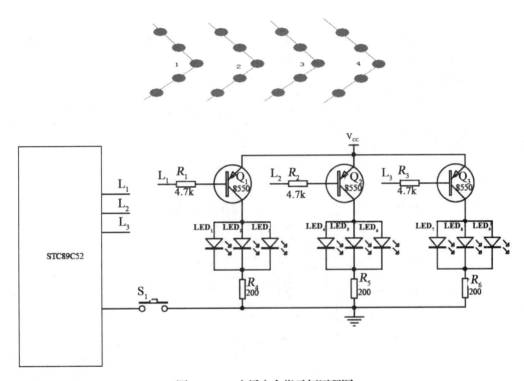

图2-2-12　交通方向指示灯原理图

①硬件设计与制作

a. 请将电路图中的发光二极管组的驱动电路更改为NPN型三极管驱动电路，试画出任意一组的驱动示意图（在答题纸上作答）。

b. 并按照任务要求，正确选择单片机端口，将外围接口功能电路与单片机连接的端口标注在电路图上（在答题纸上作答）。

c. 仔细对照电路原理图，选择合适元件，在万能板上完成单片机外围接口电路的焊接，并通过杜邦线将焊接的接口电路与考试提供的单片机学习开发板连接起来，完成硬件电路设计。

②软件程序流程设计

画出程序流程图（在答题纸上作答）。

③软件编写与调试

见试题H2-1。

④产品展示与成果上交

见试题H2-1。

（2）实施条件

见试题H2-1。

（3）考核时间

120分钟。

（4）评分标准

见本模块表2-2-1。

13. 试题编号：H2-13 单片机控制系统的设计与制作

（1）任务描述

某企业承担旅游景区旅客流量计数装置的设计与制作任务，参考电路如图2-2-13所示。当旅客通过人行通道时，红外检测模块会产生一个低电平信号，请利用这一特点实现旅客流量计数，并用数码管显示计数量（0~9循环计数）。

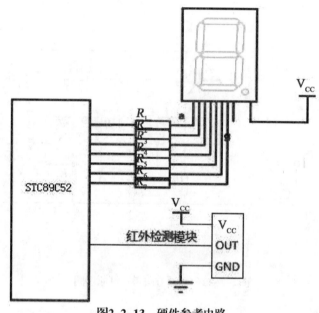

图2-2-13 硬件参考电路

①硬件设计与制作

见试题H2-8。

②软件程序流程设计

画出程序流程图（在答题纸上作答）。

③软件编写与调试

见试题H2-1。

④产品展示与成果上交

见试题H2-1。

（2）实施条件

见试题H2-1。

（3）考核时间

120分钟。

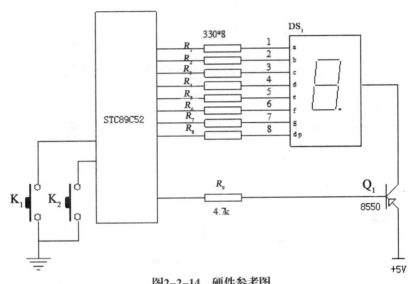

（4）评分标准

见本模块表2-2-1。

14.试题编号：H2-14　单片机控制系统的设计与制作

（1）任务描述

某企业承担电气控制系统的设计与制作任务，需要使用单片机实现如下功能（参考电路如图2-2-14）：初始状态不显示，当按下K_1键时，数码管DS_1显示"L"，按下K_2键时，数码管DS_1显示"H"。

图2-2-14　硬件参考图

①硬件设计与制作

a.请在所提供的图纸上标出数码管的笔段名称。

b.按照任务要求，正确选择单片机端口，并将外围接口功能电路板与单片机连接的端口标注在电路图上（在答题纸上作答）。

c.仔细对照电路原理图，选择合适元件，在万能板上完成单片机外围接口电路的焊接，并通过杜邦线将焊接的接口电路与考试提供的单片机学习开发板连接起来，完成硬件电路设计。

②软件程序流程设计

画出程序流程图（在答题纸上作答）。

③软件编写与调试

见试题H2-1。

④产品展示与成果上交

见试题H2-1。

（2）实施条件

见试题H2-1。

（3）考核时间

120分钟。

（4）评分标准

见本模块表2-2-1。

15. 试题编号：H2-15 单片机控制系统的设计与制作

（1）任务描述

某企业承接了电气装置开发项目，要求设计制作一个障碍物检测装置，其功能要求为：当检测到前方有障碍物时，检测电路输出低电平（用开关SW₁模拟），红色发光二极管D₁闪烁；当检测到前方无障碍物时，检测电路输出高电平（用开关SW₁模拟），绿色发光二极管D₂闪烁。上电开始检测，闪烁频率为2Hz。

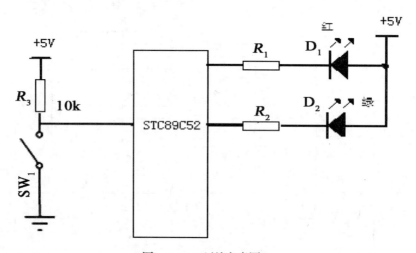

图2-2-15 硬件参考图

①硬件设计与制作

见试题H2-11。

②软件程序流程设计

画出程序流程图（在答题纸上作答）。

③软件编写与调试

见试题H2-1。

④产品展示与成果上交

见试题H2-1。

（2）实施条件

见试题H2-1。

（3）考核时间

120分钟。

（4）评分标准

见本模块表2-2-1。

16.试题编号：H2-16　单片机控制系统的设计与制作

（1）任务描述

某企业承担了电机启停装置的设计与制作任务，驱动电路原理如图2-2-16所示。设计要求：按下S_1，电机运行，且发光二极管LED_1亮；按一下S_2，电机停止，且发光二极管LED_1灭。请考生按下列要求完成任务。

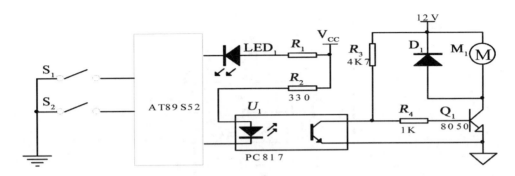

图2-2-16　硬件参考图

①硬件设计与制作

a. 已知发光二极管LED_1的静态驱动电流为10mA，正向压降为2V，估算限流电阻R取值（在答题纸上作答）。

b. 按照任务要求，正确选择单片机端口，并将外围接口功能电路与单片机连接的端口标注在电路图上（在答题纸上作答）。

c. 仔细对照电路原理图，选择合适元件，在万能板上完成单片机外围接口电路的焊接，并通过杜邦线将焊接的接口电路与考试提供的单片机学习开发板连接起来，完成硬件电路设计。

②软件程序流程设计

画出程序流程图（在答题纸上作答）。

③软件编写与调试

见试题H2-1。

④产品展示与成果上交

见试题H2-1。

（2）实施条件

见试题H2-1。

（3）考核时间

120分钟。

（4）评分标准

见本模块表2-2-1。

17.试题编号：H2-17　单片机控制系统的设计与制作

（1）任务描述

某企业承担用单片机实现四路抢答器的电气控制系统的设计与制作任务，其原理如图2-2-17所示。设计要求如下：系统设置单片机复位按钮，主持人按复位键后，才能开始抢答，最先按下的键其键位码(1~4)被数码管显示出来，其他按键无效，等候主持人再次按下单片机复位键后，才能进行第二次抢答。请考生按下列要求完成任务。

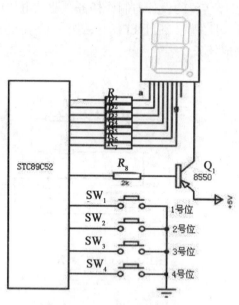

图2-2-17　硬件参考图

①硬件设计与制作

a. 已知数码管每一段的静态驱动电流为10 mA，正向压降为2 V，估算限流电阻R_1取值（在答题纸上作答）。

b. 按照任务要求，正确选择单片机端口，并将外围接口功能电路与单片机连接的端口标注在电路图上（在答题纸上作答）。

c. 仔细对照电路原理图，选择合适元件，在万能板上完成单片机外围接口电路的焊接，并通过杜邦线将焊接的接口电路与考试提供的单片机学习开发板连接起来，完成硬件电路设计。

②软件程序流程设计

画出程序流程图（在答题纸上作答）。

③软件编写与调试

见试题H2-1。

④产品展示与成果上交

见试题H2-1。

（2）实施条件

见试题H2-1。

（3）考核时间

120分钟。

（4）评分标准

见本模块表2-2-1。

18.试题编号：H2-18　单片机控制系统的设计与制作

（1）任务描述

某企业承担用单片机实现双路防盗声光报警器的电气控制系统的设计与制作任务，其原理如图2-2-18所示。设计要求：正常时SW$_1$为断开状态，SW$_2$为闭合状态；当小偷翻窗入室，会导致SW$_1$闭合或SW$_2$断开，同时启动声光报警，直流蜂鸣器（BUZZER）通电发声，LED$_1$与LED$_2$交替闪亮，交替时间为0.5秒（时间精度不作严格要求），即BUZ连续发出声音。请考生按下列要求完成任务。

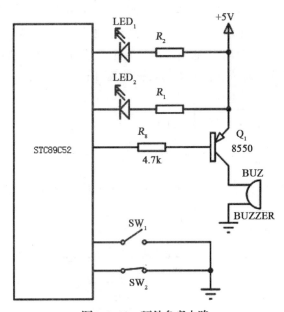

图2-2-18　硬件参考电路

①硬件设计与制作

a. 已知LED$_2$的驱动电流为8 mA，正向压降为2.2 V，估算其限流电阻R的取值（在答题纸上作答）。

b. 按照任务要求，正确选择单片机端口，并将外围接口功能电路与单片机连接的端口标注在电路图上（在答题纸上作答）。

c. 仔细对照电路原理图，选择合适元件，在万能板上完成单片机外围接口电路的焊接，并通过杜邦线将焊接的接口电路与考试提供的单片机学习开发板连接起来，完成硬件电路设计。

②软件程序流程设计

画出程序流程图（在答题纸上作答）。

③软件编写与调试

见试题H2-1。

④产品展示与成果上交

见试题H2-1。

（2）实施条件

见试题H2-1。

（3）考核时间

120分钟。

（4）评分标准

见本模块表2-2-1。

19.试题编号：H2-19　单片机控制系统的设计与制作

（1）任务描述

某企业承担用单片机实现裁判三人表决器的电气控制系统的设计与制作的任务，其原理如图2-2-19所示。设计要求：SW_1为主裁判按键，SW_2、SW_3为副裁判按键；主裁判具有否决权，只有在主裁判表决有效时，至少有一名副裁判表决有效，才说明整体表决有效，否则为无效。整体表决有效时，LED_1亮，直流蜂鸣器发声2秒（时间精度不作严格要求）整体表决无效时，直流蜂鸣器（BEZZER）通电发声，直至复位解除，但LED_1不亮。请考生按下列要求完成任务。（本任务只需考虑在主裁判表决有效时的四种情况）

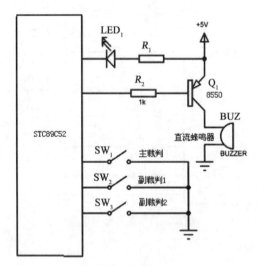

图2-2-19　硬件参考图

①硬件设计与制作

见试题H2-8。

②软件程序流程设计

画出程序流程图（在答题纸上作答）。

③软件编写与调试

见试题H2-1。

④产品展示与成果上交

见试题H2-1。

（2）实施条件

见试题H2-1。

（3）考核时间

120分钟。

（4）评分标准

见本模块表2-2-1。

20.试题编号：H2-20　单片机控制系统的设计与制作

（1）任务描述

某企业承担用单片机实现汽车转向指示的电气控制系统设计与制作任务，其原理如图2-2-20所示。设计要求如下：当S$_1$键打到LEFT挡时，左转向指示灯D$_1$闪烁；S$_1$键打到RIGHT挡时，右转向指示灯D$_2$闪烁；S$_1$键打到NOP挡时，指示灯闪烁停止。转向时，只允许对应的一盏指示闪烁，闪烁频率为1Hz。请考生按下列要求完成任务。

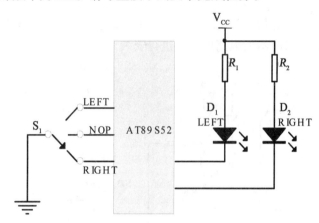

图2-2-20　硬件参考图

①硬件设计与制作

a. 已知发光二极管的静态驱动电流为10 mA，正向压降为2 V，估算限流电阻R取值（在答题纸上作答）。

b. 按照任务要求，正确选择单片机端口，并将外围接口功能电路与单片机连接的端口标注在电路图上（在答题纸上作答）；

c. 仔细对照电路原理图，选择合适元件，在万能板上完成单片机外围接口电路的焊接，并通过杜邦线将焊接的接口电路与考试提供的单片机学习开发板连接起来，完成硬件电路设计。

②软件程序流程设计

画出程序流程图（在答题纸上作答）。

③软件编写与调试

见试题H2-1。

④产品展示与成果上交

见试题H2-1。

（2）实施条件

见试题H2-1。

（3）考核时间

120分钟。

（4）评分标准

见本模块表2-2-1。

三、跨岗位综合技能

模块一　电气控制系统安装与调试

项目1　继电控制线路安装与调试

1. 试题编号：Z1-1　电机启动与停车控制线路安装与调试

（1）任务描述

某车床设备用一台三相鼠笼式异步电动机拖动，通过操作按钮可以实现电动机启动及停车控制。请按照如图3-1-1所示的电路原理图进行安装。

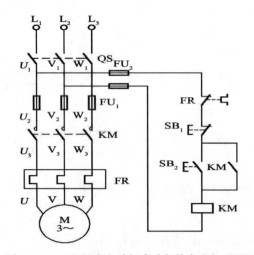

图3-1-1　三相异步电动机启动与停车电气原理图

①原理分析

根据图示电气原理图，分析其电气原理，描述动作过程。

②系统的安装、接线

根据考场提供的正确的原理图和器件、设备完成元件布置并安装、接线。要求元器件布置整齐、匀称、合理，安装牢固；导线进线槽、美观；接线端接编码套管；接点牢固、接点处裸露导线长度合适、无毛刺；电动机和按钮接线进端子排。

③系统调试和功能演示

a.写出系统调试步骤并完成调试；

b.通电试车完成系统功能演示。

（2）实施条件

电气安装调试工作台应宽敞，配有380V三相电源插座，台面和地面应垫上绝缘橡皮，铺设防静电胶板，照明通风良好；每台位配备电拖网孔板、万用表、电工工具、三相交流异步电动机等各一台/套，各类断路器、接触器、按钮、熔断器、接线端子排若干，槽板、连接导线、测试导线：若干。

（3）考核时间

120分钟。

（4）评分标准

表3-1-1　继电控制线路安装与调试评分细则

评价内容		配分	考核点	得分
职业素养与操作规范（20分）	工作前准备	10	清点系统文件、器件、仪表、电工工具、电动机等，并测试器件好坏。穿戴好劳动防护用品。工具准备每少1项扣2分，工具摆放不整齐扣5分，没有穿戴劳动防护用品扣10分	
	6S规范	10	1.操作过程中及作业完成后，工具、仪表、元器件、设备等摆放不整齐扣2分。2.考试迟到、考核过程中做与考试无关的事、不服从考场安排酌情扣1~10分；考核过程舞弊取消考试资格，成绩计0分。3.操作过程出现违反安全用电规范的每1处扣2分。4.作业完成后未清理、清扫工作现场扣5分	
作品（80分）	技术文档（答题纸）	20	1.主电路设计不全或设计有错，每处扣2分，控制电路设计不全或设计有错，每处扣2分；元件符号（文字或图形）不对每个扣2分，主电路全错扣10分，控制电路全错扣10分。2.不能正确绘制元件布置图，扣4分。3.元件清单每错1处扣1分，全错扣10分。4.不能正确写出系统的安装接线步骤，扣3分	
	元器件布置安装	10	1.不能按规程正确布置、安装，扣5分。2.元件松动、不整齐，扣3分/处。3.损坏元器件，扣10分/件。4.不用仪表检查器件，扣2分	
	安装工艺、操作规范	10	1.导线必须沿线槽内走线，线槽出线应整齐美观。1处不符合要求扣2分。2.线路连接、套管、标号应符合工艺要求。接线1处无套管、标号扣1分。器件、线头松1处扣2分，工艺不符合要求一处扣2分。3.安装完毕应盖好盖板。没盖盖板扣3分	
	功能	40	一次试车不成功扣10分；两次试车不成功扣20分	
工时			120分钟，每延时1分钟扣5分	
合计				

2.试题编号：Z1-2　电机多机位启动与停车控制线路安装与调试

（1）任务描述

某台机床，因加工需要，加工人员应该在机床正面和侧面均能进行操作。电动机要求单相控制，同时要求实现两地控制。请按如图3-1-2所示的电路原理图进行安装。

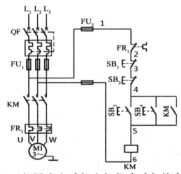

图3-1-2　三相异步电动机多机位启动与停车电气原理图

①原理分析

根据图示电气原理图，分析其电气原理，描述动作过程。

②系统的安装、接线

根据考场提供的正确的原理图和器件、设备完成元件布置并安装、接线。要求元器件布置整齐、匀称、合理，安装牢固；导线进线槽、美观；接线端接编码套管；接点牢固、接点处裸露导线长度合适、无毛刺；电动机和按钮接线进端子排。

③系统调试和功能演示

a. 写出系统调试步骤并完成调试；

b. 通电试车完成系统功能演示。

（2）实施条件

见试题Z1-1。

（3）考核时间

120分钟。

（4）评分标准

见本模块表3-1-1。

3. 试题编号：Z1-3 电机多连续与点动控制线路安装与调试

（1）任务描述

某运动控制系统的电动机要求有单向连续和点动控制，电动机型号为Y-112M-4，4 kW、380 V、△接法、8.8 A、1 440 r/min，请按如图3-1-3所示的电路原理图进行安装调试。

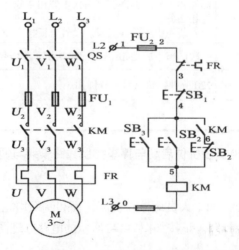

图3-1-3 三相异步电动机连续与点动电气控制原理图

①原理分析

根据图示电气原理图，分析其电气原理，描述动作过程。

②系统的安装、接线

根据考场提供的正确的原理图和器件、设备完成元件布置并安装、接线。要求元器件布置整齐、匀称、合理，安装牢固；导线进线槽、美观；接线端接编码套管；接点牢固、接点处裸露导线长度合适、无毛刺；电动机和按钮接线进端子排。

③系统调试和功能演示

a. 写出系统调试步骤并完成调试；

b. 通电试车完成系统功能演示。

（2）实施条件

见试题Z1-1。

（3）考核时间

120分钟。

（4）评分标准

见本模块表3-1-1。

4. 试题编号：Z1-4　电机正反转控制线路安装与调试

（1）任务描述

某生产机械要求正反转，由一台三相异步电动机拖动，电动机型号为Y-112M-4，4 kW、380 V、△接法、8.8 A、1 440 r/min，由接触器实现互锁，请按如图3-1-4所示的电路原理图进行安装调试。

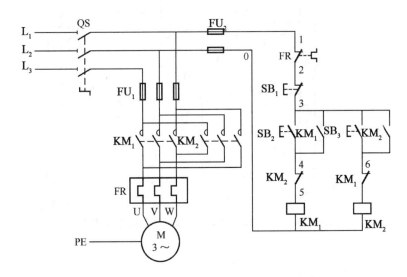

图3-1-4　三相异步电动机正反转电气控制原理图

①原理分析

根据图示电气原理图，分析其电气原理，描述动作过程。

②系统的安装、接线

根据考场提供的正确的原理图和器件、设备完成元件布置并安装、接线。要求元器件布置整齐、匀称、合理，安装牢固；导线进线槽、美观；接线端接编码套管；接点牢固、接点处裸露导线长度合适、无毛刺；电动机和按钮接线进端子排。

③系统调试和功能演示

a. 写出系统调试步骤并完成调试；

b. 通电试车完成系统功能演示。

（2）实施条件

见试题Z1-1。

（3）考核时间

120分钟。

（4）评分标准

见本模块表3-1-1。

5.试题编号：Z1-5　电机正反转控制线路安装与调试

（1）任务描述

某生产机械要求正反转，由一台三相异步电动机拖动，电动机型号为Y-112M-4，4 kW、380 V、△接法、8.8 A、1 440 r/min，由接触器和按钮实现双重互锁，请按如图3-1-5所示的电路原理图进行安装调试。

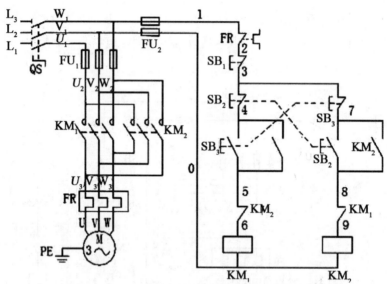

图3-1-5　三相异步电动机正反转电气控制原理图

①原理分析

根据图示电气原理图，分析其电气原理，描述动作过程。

②系统的安装、接线

根据考场提供的正确的原理图和器件、设备完成元件布置并安装、接线。要求元器件布置整齐、匀称、合理，安装牢固；导线进线槽、美观；接线端接编码套管；接点牢固、接点处裸露导线长度合适、无毛刺；电动机和按钮接线进端子排。

③系统调试和功能演示

a.写出系统调试步骤并完成调试；

b.通电试车完成系统功能演示。

（2）实施条件

见试题Z1-1。

（3）考核时间

120分钟。

（4）评分标准

见本模块表3-1-1。

6.试题编号：Z1-6　电机正反转/长车点动控制线路安装与调试

（1）任务描述

某一生产设备用一台三相异步鼠笼式电动机拖动，通过操作按钮可以实现电动机正反转长车-点动启动及停车控制。请按如图3-1-6所示的电路原理图进行安装调试。

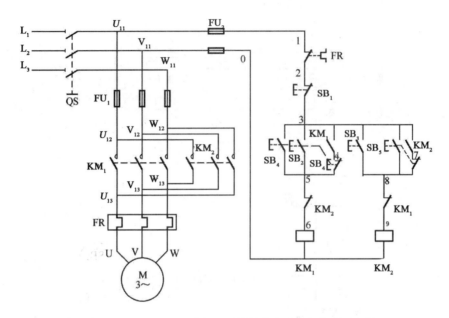

图3-1-6　三相异步电动机正反转长车点动电气控制原理图

①原理分析

根据图示电气原理图，分析其电气原理，描述动作过程。

②系统的安装、接线

根据考场提供的正确的原理图和器件、设备完成元件布置并安装、接线。要求元器件布置整齐、匀称、合理，安装牢固；导线进线槽、美观；接线端接编码套管；接点牢固、接点处裸露导线长度合适、无毛刺；电动机和按钮接线进端子排。

③系统调试和功能演示

a.写出系统调试步骤并完成调试；

b.通电试车完成系统功能演示。

（2）实施条件

见试题Z1-1。

（3）考核时间

120分钟。

（4）评分标准

见本模块表3-1-1。

7.试题编号：Z1-7　电机自动往返控制线路安装与调试

（1）任务描述

某一工作台用一台三相异步鼠笼式电动机拖动，实现自动往返行程，但当工作台到达两端终点时，立刻返回进行自动往返；通过操作按钮可以实现电动机正转启动、反转启动、自动往返行程控制以及停车控制。工作台运动方向示意图如图3-1-7所示，工作台拖动电动机型号为Y-112M-4，4 kW、380 V、△接法、8.8 A、1 440 r/min，请按如图3-1-8所示的电路原理图进行安装调试。

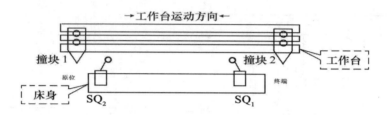

图3-1-7　工作台运动方向示意图

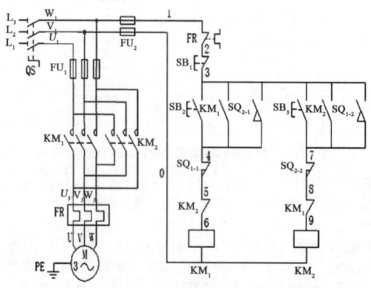

图3-1-8　三相异步电动机正反转长车点动电气控制原理图

①原理分析

根据图示电气原理图，分析其电气原理，描述动作过程。

②系统的安装、接线

根据考场提供的正确的原理图和器件、设备完成元件布置并安装、接线。要求元器件布置整齐、匀称、合理，安装牢固；导线进线槽、美观；接线端接编码套管；接点牢固、接点处裸露导线长度合适、无毛刺；电动机和按钮接线进端子排。

③系统调试和功能演示

a.写出系统调试步骤并完成调试；

b.通电试车完成系统功能演示。

（2）实施条件

见试题Z1-1。

（3）考核时间

120分钟。

（4）评分标准

见本模块表3-1-1。

8.试题编号：Z1-8　电机降压启动控制线路安装与调试

（1）任务描述

某传输带采用电动机拖动，电动机采用时间原则控制的Y-△降压启动。电动机型号为Y-112M-4，4 kW、380 V、△接法、8.8 A、1 440 r/min，请按如图3-1-9所示的电路原理图进行安装调试。

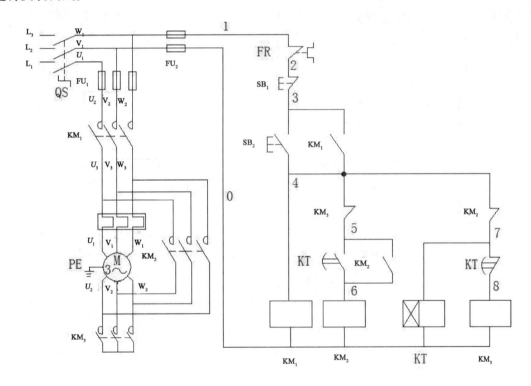

图3-1-9　三相异步电动机降压启动电气控制原理图

①原理分析

根据图示电气原理图，分析其电气原理，描述动作过程。

②系统的安装、接线

根据考场提供的正确的原理图和器件、设备完成元件布置并安装、接线。要求元器件布置整齐、匀称、合理，安装牢固；导线进线槽、美观；接线端接编码套管；接点牢固、接点处裸露导线长度合适、无毛刺；电动机和按钮接线进端子排。

③系统调试和功能演示

a.写出系统调试步骤并完成调试；

b.通电试车完成系统功能演示。

（2）实施条件

见试题Z1-1。

（3）考核时间

120分钟。

（4）评分标准

见本模块表3-1-1。

9.试题编号：Z1-9 电机降压启动控制线路安装与调试

（1）任务描述

某传输带采用电动机拖动，电动机采用时间原则控制的正反转Y-△降压启动。电动机型号为Y-112M-4，4 kW、380 V、△接法、8.8 A、1 440 r/min。请按如图3-1-10所示的电路原理图进行安装调试。

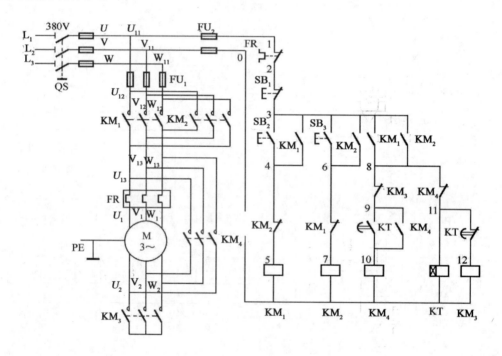

图3-1-10 三相异步电动机降压启动电气控制原理图

①原理分析

根据图示电气原理图，分析其电气原理，描述动作过程。

②系统的安装、接线

根据考场提供的正确的原理图和器件、设备完成元件布置并安装、接线。要求元器件布置整齐、匀称、合理，安装牢固；导线进线槽、美观；接线端接编码套管；接点牢固、接点处裸露导线长度合适、无毛刺；电动机和按钮接线进端子排。

③系统调试和功能演示

a. 写出系统调试步骤并完成调试；

b. 通电试车完成系统功能演示。

（2）实施条件

见试题Z1-1。

（3）考核时间

120分钟。

（4）评分标准

见本模块表3-1-1。

10.试题编号：Z1-10　电机自动往返控制线路安装与调试

（1）任务描述

某一工作台用一台三相异步鼠笼式电动机拖动，实现自动往返行程，但当工作台到达两端终点时，都需要停留5秒钟再返回进行自动往返。通过操作按钮可以实现电动机正转启动、反转启动、自动往返行程控制以及停车控制，如图3-1-11所示。工作台拖动电动机型号为Y-112M-4，4 kW、380 V、△接法、8.8 A、1 440 r/min，请按如图3-1-12所示的电路原理图进行安装调试。

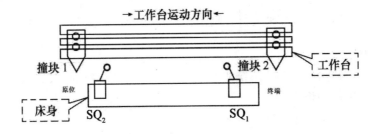

图3-1-11　工作台运动方向示意图

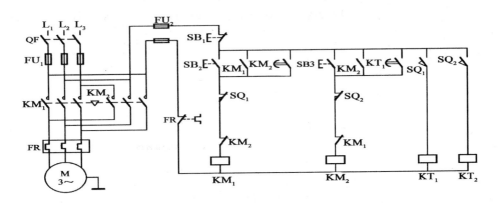

图3-1-12　三相异步电动机自动往返电气控制原理图

①原理分析

根据图示电气原理图，分析其电气原理，描述动作过程。

②系统的安装、接线

根据考场提供的正确的原理图和器件、设备完成元件布置并安装、接线。要求元器件布置整齐、匀称、合理，安装牢固；导线进线槽、美观；接线端接编码套管；接点牢固、接点处裸露导线长度合适、无毛刺；电动机和按钮接线进端子排。

③系统调试和功能演示

a. 写出系统调试步骤并完成调试；

b. 通电试车完成系统功能演示。

（2）实施条件

见试题Z1-1。

（3）考核时间

120分钟。

（4）评分标准

见本模块表3-1-1。

项目2　PLC控制系统设计与安装调试

11. 试题编号：Z1-11　电动机正反转PLC控制系统设计与安装调试

（1）任务描述

某企业承担了一台机床主轴电动机PLC控制的设计任务，该任务要求用PLC实现该电动机正反转控制。请用可编程控制器设计其控制系统并调试。

（2）考核内容

①设计主电路；

②按控制要求，写出PLC控制I/O接线图；

③根据要求写出控制程序；

④将编译无误的控制程序下载至PLC中，并通电调试。

（3）实施条件

可编程控制器（西门子S7-200系列或三菱FX系列）：一台；台式电脑：一台；编程软件：西门子STEP 7-Micro/WIN V4.0或三菱编程软件GX Developer；0.2 kW电动机：一台；测试导线：若干。

（4）考核时间

120分钟。

（5）评分标准

表3-2-1　PLC控制系统设计与安装调试评分细则

评价内容		配分	评分细则	得分
职业素养与操作规范（20分）	工作前准备	10	1. 未按要求穿戴好劳动防护用品，扣3分。 2. 未清点工具、仪表等，每项扣1分。 3. 工具摆放不整齐，扣3分	
	6S规范	10	1. 操作过程中乱摆放工具、仪表，乱丢杂物等，扣5分。 2. 完成任务后不清理工位，扣5分。 3. 出现人员受伤、设备损坏事故，考试成绩为0分	
作品（80分）	系统设计（答题纸）	20	1. 设计主电路，错误每处扣1分。 2. 列出I/O元件分配表，画出系统接线图，I/O分配图错误，每处扣1分。 3. 写出控制程序，错误每处扣2分。 4. 运行调试步骤，错误每处扣2分	

续表

评价内容	配分	评分细则	得分
安装与接线	10	1. 安装时未关闭电源开关，用手触摸电器线路或带电进行电路连接或改接，本项记 0 分。 2. 线路布置不整齐、不合理，每处扣 2 分。 3. 损坏元件扣 5 分。 4. 接线不规范造成导线损坏，每根扣 5 分。 5. 不按 I/O 接线图接线，每处扣 2 分	
系统调试	10	1. 不会熟练操作软件输入程序，扣 10 分。 2. 不会进行程序删除、插入、修改等操作，每项扣 2 分。 3. 不会联机下载调试程序，扣 10 分	
功能实现	40	1. 不能按控制要求调试系统，扣 10 分。 2. 不能达到控制要求，每处扣 5 分。 3. 调试时造成元件损坏或者熔断器熔断，每次扣 10 分	
时间要求		时间 120 分钟，每延时 1 分钟扣 5 分	
总分		100 分	

12. 试题编号：Z1-12　电动机正反转点动–连续PLC控制系统设计与安装调试

（1）任务描述

某企业承担了一台机床主轴电动机PLC控制的设计任务，该任务要求用PLC实现该电动机正反转点动–连续运转。请用可编程控制器设计其控制系统并调试。

（2）考核内容：

①设计主电路；

②按控制要求，写出PLC控制I/O接线图；

③根据要求写出控制程序；

④将编译无误的控制程序下载至PLC中，并通电调试。

（3）实施条件

见试题Z1-11。

（4）考核时间

120分钟。

（4）评分标准

见本模块表3-2-1。

注：①限位开关可使用扭子开关代替；

②如使用挂件，挂件上的V+需与PLC台位上的+24 V电源相连接，其他的输入输出对应相接，输出还需串接+24 V电源。

13. 试题编号：Z1-13　小车自动往返PLC控制系统设计与安装调试

（1）任务描述

某企业承担了一个用PLC控制小车自动往返的任务。即按下启动按钮，小车能随时前进、后退，在A、B两端碰到行程开关时，小车立即反转，按下停止按钮小车能停止。请用可编程控制器设计其控制系统并调试。

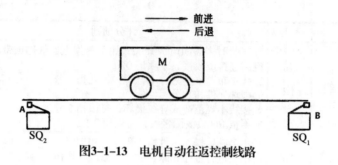

图3-1-13 电机自动往返控制线路

（2）考核内容

①设计主电路；

②按控制要求，完成PLC控制I/O接线图；

③根据要求写出控制程序；

④将编译无误的控制程序下载至PLC中，并通电调试。

（3）实施条件

见试题Z1-11。

（4）考核时间

120分钟。

（5）评分标准

见本模块表3-2-1。

注：①限位开关可使用扭子开关代替；

②如使用挂件，挂件上的V+需与PLC台位上的+24 V电源相连接，其他的输入输出对应相接，输出还需串接+24 V电源。

14.试题编号：Z1-14 小车自动往返两边延时PLC控制系统设计与安装调试

（1）任务描述

某企业承担了一个用PLC控制小车自动往返两边延时的任务。即按下启动按钮，小车能随时前进、后退，在A、B两端碰到行程开关时，小车停止10 s后反转，按下停止按钮小车能停止。请用可编程控制器设计其控制系统并调试。

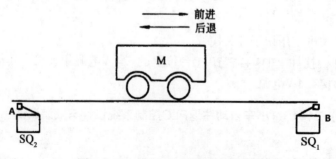

图3-1-14 电机自动往返控制线路

（2）考核内容

①设计主电路；

②按控制要求，画出PLC的I/O接线图；

③根据要求写出控制程序；

④将编译无误的控制程序下载至PLC中，并通电调试。

（3）实施条件

见试题Z1-11。

（4）考核时间

120分钟。

（5）评分标准

见本模块表3-2-1。

注：①限位开关可使用扭子开关代替；

②如使用挂件，挂件上的V+需与PLC台位上的+24 V电源相连接，其他的输入输出对应相接，输出还需串接+24 V电源。

15.试题编号：Z1-15　风机PLC控制系统设计与安装调试

（1）任务描述

某企业承担了对鼓风机与引风机控制的电路程序。要求：开机时首先启动引风机，引风机指示灯亮，10 s后自动启动鼓风机，鼓风机指示灯亮；停机时同时停止。用可编程控制器设计其控制系统并调试。

（2）考核内容

①按控制要求，画出PLC的I/O接线图；

②根据要求写出控制程序；

③将编译无误的控制程序下载至PLC中，并通电调试。

（3）实施条件

见试题Z1-11。

（4）考核时间

120分钟。

（5）评分标准

见本模块表3-2-1。

注：①限位开关可使用扭子开关代替；

②如使用挂件，挂件上的V+需与PLC台位上的+24 V电源相连接，其他的输入输出对应相接，输出还需串接+24 V电源。

16.试题编号：Z1-16　电动机Y-△降压启动PLC控制系统设计与安装调试

（1）任务描述

某企业的一台主轴电动机需要进行Y-△降压启动，即Y启动5 s后自动切换至△运行；按下停止按钮后，电动机自由停车，电动机单向运行，请用可编程控制器设计其控制系统并调试。

（2）考核内容

①设计主电路；

②按控制要求，画出PLC的I/O接线图；

③根据要求写出控制程序；

④将编译无误的控制程序下载至PLC中，并通电调试。

（3）实施条件

见试题Z1-11。

（4）考核时间

120分钟。

（5）评分标准

见本模块表3-2-1。

注：①限位开关可使用扭子开关代替；

②如使用挂件，挂件上的V+需与PLC台位上的+24 V电源相连接，其他的输入输出对应相接，输出还需串接+24 V电源。

17.试题编号：Z1-17 电动机Y-△降压启动两地控制的PLC改造

（1）任务描述

某企业现采用继电接触控制系统实现电动机两地控制，如图3-1-15所示。请分析该控制线路图的控制功能，并用可编程控制器对其控制电路进行改造。

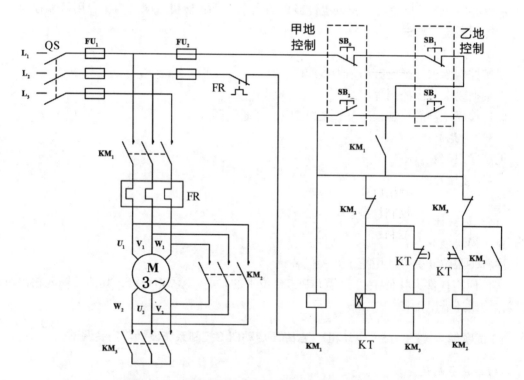

图3-1-15 两地控制的电动机 Y-△降压启动控制线路

（2）考核内容

①按控制要求，画出PLC的接线图；

②根据要求写出控制程序；

③将编译无误的控制程序下载至PLC中，并通电调试。

（3）实施条件

见试题Z1-11。

（4）考核时间

120分钟。

（5）评分标准

见本模块表3-2-1。

注：①限位开关可使用扭子开关代替；

②如使用挂件，挂件上的V+需与PLC台位上的+24V电源相连接，其他的输入输出对应相接，输出还需串接+24V电源。

18.试题编号：Z1-18 2台电动机顺序起停PLC控制设计与安装调试

（1）任务描述

2台电动机相互协调运转，其动作要求是：M_1运转10 s，停止5 s，M_2与M_1相反，运转5 s，停止10 s；M_1运行，M_2停止；M_2运行，M_1停止，如此反复动作3次，M_1、M_2均停止。动作示意图如图3-1-16所示。

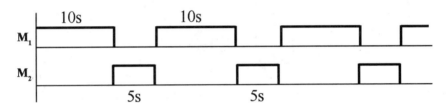

图3-1-16 2台电动机顺序起停动作示意图

（2）考核内容

①设计主电路；

②按控制要求，画出PLC的I/O接线图；

③根据要求写出控制程序；

④将编译无误的控制程序下载至PLC中，并通电调试。

（3）实施条件

见试题Z1-11。

（4）考核时间

120分钟。

（5）评分标准

见本模块表3-2-1。

注：①限位开关可使用扭子开关代替；

②如使用挂件，挂件上的V+需与PLC台位上的+24 V电源相连接，其他的输入输出对应相接，输出还需串接+24 V电源。

19.试题编号：Z1-19　混料灌PLC控制系统设计与安装调试

（1）任务描述

某企业承担了一个二种液体自动混合装置PLC设计任务。如图3-1-17所示，上限位、下限位和中限位液位传感器被液体淹没时为ON。阀A、阀B和阀C为电磁阀，线圈通电时打开，线圈断电时关闭。开始时容器是空的，各阀门均关闭，各传感器均为OFF。按下启动按钮后，打开阀A，液体A流入容器，中限位开关变为ON时，关闭阀A，打开阀B，液体B流入容器。当液面到达上限位开关时，关闭阀B，电动机M开始运行，搅动液体，6 s后停止搅动，打开阀C，放出混合液，当液面降至下限位开关之后再过2 s，容器放空，关闭阀C，打开阀A，又开始下一周期的操作。按下停止按钮，在当前工作周期的操作结束后才停止操作（停在初始状态）。

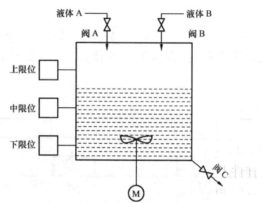

图3-1-17 多种液体自动混合模拟示意图

（2）考核内容

①按控制要求，画出PLC的I/O接线图；

②根据要求写出控制程序；

③将编译无误的控制程序下载至PLC中，并通电调试。

（3）实施条件

见试题Z1-11。

（4）考核时间

120分钟。

（5）评分标准

见本模块表3-2-1。

注：①限位开关可使用扭子开关代替；

②如使用挂件，挂件上的V+需与PLC台位上的+24 V电源相连接，其他的输入输出对应相接，输出还需串接+24 V电源。

20.试题编号：Z1-20　机床电机PLC控制系统设计与安装调试

（1）任务描述

有一台机床，在加工前先给机床提供液压油，使机床床身导轨进行润滑，要求先起动液压泵后才能启动机床的工作台拖动电动机或主轴电动机。当机床停止时要求先停止拖动电动机或主轴电动机，才能让液压泵停止。即要求2台电动机（液压泵电动机M_1和主轴电动机M_2）顺序启动，逆序停止。请用可编程控制器设计其控制系统并调试。

（2）考核内容

①设计主电路；

②按控制要求，画出PLC的I/O接线图；

③根据要求写出控制程序；

④将编译无误的控制程序下载至PLC中，并通电调试。

（3）实施条件

见试题Z1-11。

（4）考核时间

120分钟。

（5）评分标准

见本模块表3-2-1。

注：①限位开关可使用扭子开关代替；

②如使用挂件，挂件上的V+需与PLC台位上的+24 V电源相连接，其他的输入输出对应相接，输出还需串接+24 V电源。